大断面矩形顶管隧道设计研究与工程实践

官林星　袁森林◎著

中国建筑工业出版社

图书在版编目（CIP）数据

大断面矩形顶管隧道设计研究与工程实践 / 官林星，袁森林著. -- 北京 ：中国建筑工业出版社, 2024. 11.

ISBN 978-7-112-30481-3

Ⅰ. U452.2

中国国家版本馆 CIP 数据核字第 2024L8D667 号

本书系统总结和提炼了上海市政工程设计研究总院（集团）有限公司多年来对大断面矩形顶管隧道的研究与设计。全书共分为 7 章，第 1 章阐述了大断面矩形顶管隧道特点及其发展历程，第 2 章介绍了大断面矩形顶管隧道结构设计，第 3 章介绍了预制拼装式管节设计，第 4 章介绍了超长距离矩形顶管隧道设计，第 5 章介绍了超大断面矩形顶管隧道设计，第 6 章探讨了大断面矩形顶管接缝防水与纵向拉紧研究，第 7 章对大断面矩形顶管隧道技术的发展进行了展望。本书可供从事矩形顶管隧道的设计、施工、科研技术人员以及高等院校师生参考。

责任编辑：刘婷婷　刘文昕

文字编辑：冯天任

责任校对：赵　力

大断面矩形顶管隧道设计研究与工程实践

官林星　袁森林　著

*

中国建筑工业出版社出版、发行（北京海淀三里河路 9 号）

各地新华书店、建筑书店经销

国排高科（北京）人工智能科技有限公司制版

建工社（河北）印刷有限公司印刷

*

开本：787 毫米 × 1092 毫米　1/16　印张：13 ¼　字数：199 千字

2024 年 10 月第一版　　2024 年 10 月第一次印刷

定价：**58.00** 元

ISBN 978-7-112-30481-3

（43791）

版权所有　翻印必究

如有内容及印装质量问题，请与本社读者服务中心联系

电话：（010）58337283　　QQ：2885381756

（地址：北京海淀三里河路 9 号中国建筑工业出版社 604 室　邮政编码：100037）

FOREWORD
前　言

在城市交通建设中，地下道路作为一种具备低碳、高效、环境友好特点的交通形式，近些年来在大中型城市中得到广泛应用。在市区修建地下道路，面临着诸如空间布置、交通保障、环境影响、社会稳定等方面的诸多难题，故而开发并探索低影响、高效率的暗挖隧道技术极为关键，这也是践行人民城市理念，达到“绿色、低碳”城市建设目标的必然途径。

20 世纪 90 年代，国内开始研究矩形隧道掘进技术，并首次在上海地铁 2 号线出入口通道中予以应用。矩形顶管隧道技术始于圆形顶管隧道，具有空间利用率较高的优点，特别适用于城市建筑物密集区域，能够满足狭小空间对工程技术的要求。近年来，随着隧道设计、施工、装备技术的发展，两车道及以上的大断面矩形顶管交通隧道技术取得了显著进展。2012 年以来，大断面矩形顶管工程应用案例广泛涌现，这些实例在应对不同工程难题的过程中实现了技术突破，在快速发展中积累了丰富的工程经验。本书以实际工程为依托，针对大断面矩形顶管隧道的设计与施工技术展开了系统研究和总结，形成了丰富的技术成果，可为大断面矩形顶管隧道技术的推广应用提供技术支撑。

本书所涉及的研究成果已在多个典型矩形顶管隧道项目中得到应用，其中包括嘉兴市市区快速路环线工程（一期）3 车道矩形顶管隧道、上海陆翔路-祁连山路贯通工程Ⅱ标一次顶进 445m 的长距离矩形顶管隧道、杭州市萧山区人民广场北区人防工程和科创中心地下连接通道工程上下二分式预制拼装矩形顶管隧道等项目。在设计研究与工程实施中，得到了中铁隧道局集团有限公司、上海机械施工集团有限公司、上海隧道工程股份有限公司、上海重远建设工程有限公司、上海罗洋新材料科技有限公司、江苏苏博特新材料股份有限公司、同济大学、上海市政工程设计研究总院（集团）有限公司等公司和研究机构的大力支持和协助，在此致以诚挚的谢意。

鉴于作者自身水平有限，书中难免存有不足之处，诚望读者予以批评指正。

官林星　袁森林

2024 年 7 月

CONTENTS

目　录

第1章

绪　　论

1.1 发展大断面矩形顶管法隧道的意义

地下空间是一种有限的资源，也是实现城市建设可持续发展的战略性空间资源，拓展开发地下空间资源必须贯彻“资源节约、环境友好”的城市建设理念。地下道路、管廊等可以高效地利用地下空间资源，对于提高土地利用效率、缓解地面交通拥堵、减少环境污染等具有十分显著的作用。为此，探索空间占用率低、环境污染小、城市运营干扰低、工业化建造程度高的新型隧道建造工法及其配套装备、控制方法、辅助专项技术，是实现“绿色城市、低碳城市”建设的必然途径，也是提升城市地下空间整体建造水平的必经之路。

近年来，矩形顶管法隧道得到了大力发展。矩形顶管法隧道就是采用矩形断面的顶管掘进成套设备，在保持掌子面平衡的条件下，于顶管机掘进的同时，通过位于工作井的千斤顶装置，将位于隧洞尾部的预制管节逐次顶入土体中形成隧道的方法。矩形顶管法隧道属于异形断面隧道，为了改善衬砌的受力状态，通常在衬砌的转角、拱顶、拱底部位引入圆弧线。本书将这种采用顶管法进行施工的，起拱量较小、断面形状接近于矩形的隧道，统称为矩形顶管法隧道，但其断面并不是严格几何意义上的矩形，本书并没有对“矩形”和“类矩形”作严格的区分。本书中所定义的大断面为适用于公路隧道的两车道及以上的断面；从隧道规模的角度出发，为隧道宽度不小于7m或截面面积不小于$50m^2$的断面。本书暂按表1-1所示的划分标准进行分类和论述。

矩形顶管断面划分标准　　表1-1

断面类型	断面面积 S/m^2	断面宽度 B/m	用途
小断面	$S < 20$	$B < 5$	隧道联络通道、排水管涵等
中等断面	$20 \leqslant S < 50$	$5 \leqslant B < 7$	市政过街通道、地铁出入口和综合管廊等

续表

断面类型	断面面积 S/m^2	断面宽度 B/m	用途
大断面	$50 \leqslant S < 100$	$7 \leqslant B < 11$	两车道道路、地铁车站和大型综合管廊等
超大断面	$100 \leqslant S$	$11 \leqslant B$	三车道道路、地铁车站和地下停车场等

相比于传统圆形断面顶管法隧道与盾构法隧道，矩形顶管法隧道具有显著的优势。首先，矩形顶管法隧道具有空间利用率高的优点，在小汽车专用两车道、大车两车道、大车三车道的情况下，从行车有效断面的角度出发，分别节省约 45%、30%、40%的地下空间面积，如图 1-1 所示。在实际的工程实践中，矩形断面的隧道一般应用在穿越主干线路口、公路路基、铁路轨道等工程场景，隧道长度一般较短，在隧道中布置的通风、防灾逃生设施较少。

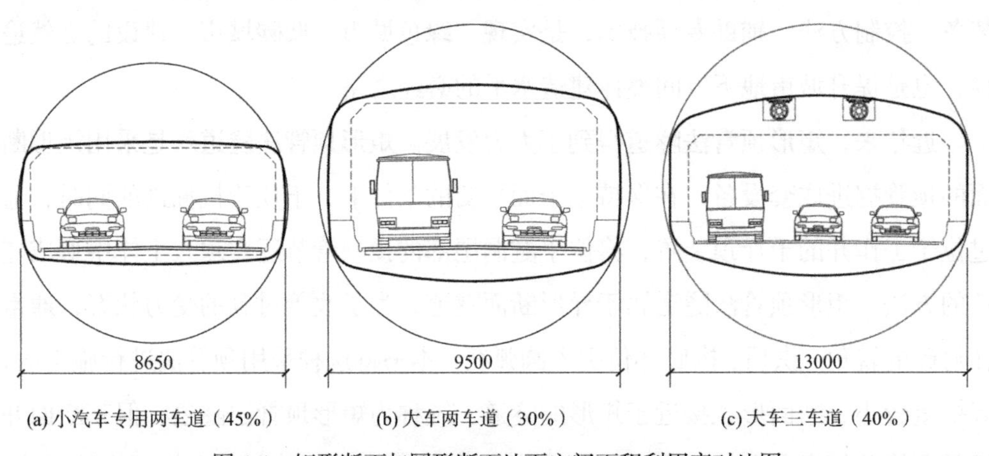

(a) 小汽车专用两车道（45%） (b) 大车两车道（30%） (c) 大车三车道（40%）

图 1-1 矩形断面与圆形断面地下空间面积利用率对比图

由于隧道断面面积的减少，矩形顶管法隧道在满足抗浮的条件下可实现浅覆土施工；同时由于顶部剩余空间少，车行道标高较高，可以显著降低两边的接线长度。在大车三车道的情况下，如图 1-2 所示，采用圆形盾构时隧道顶部覆土最小按 9.0m 考虑，矩形顶管时隧道顶部的覆土可按 6.0m 考虑，车道板高度可以提高 6.0m，坡道按 3%考虑，可以节省引线明挖段长度 200m。圆形盾构隧道与矩形顶管隧道的最低点高差相差 9.0m，隧道两端工作井的基坑深度，矩形隧道比圆形隧道减小 9.0m。

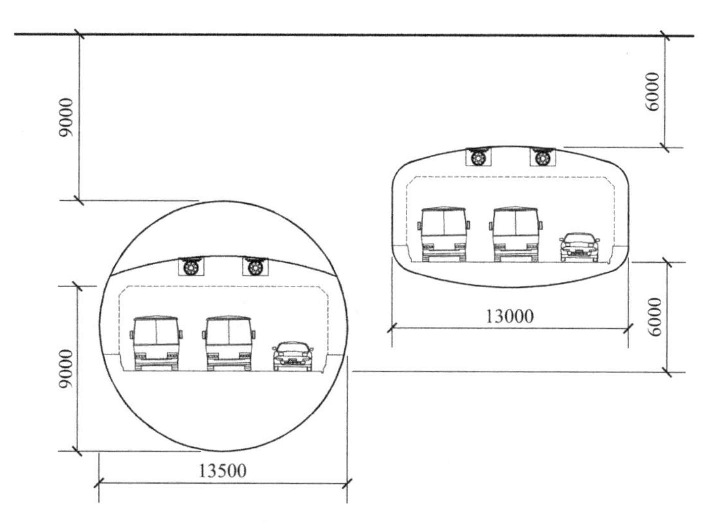

图 1-2　圆形断面与矩形断面底板高度对比图

与矩形盾构法相比，矩形顶管法隧道采用整体式管节，管节采用整体制作，工艺相对简单，如图 1-3 所示。矩形顶管采用整体顶进，施工工序简化，与矩形盾构隧道相比，工程造价较低。

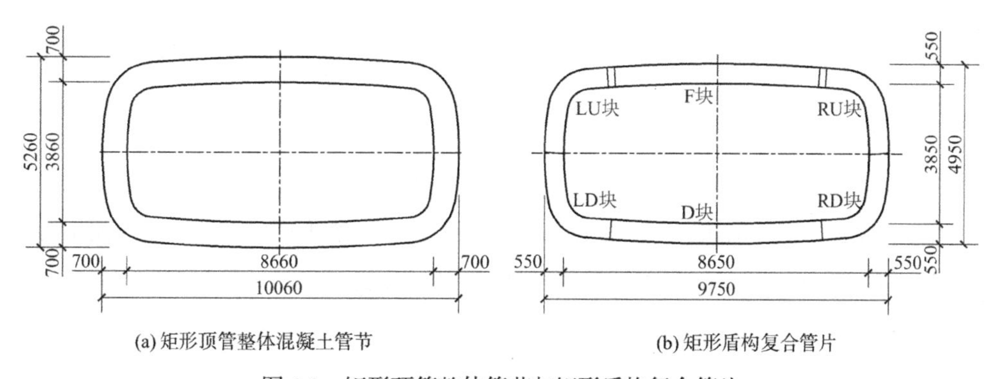

(a) 矩形顶管整体混凝土管节　　(b) 矩形盾构复合管片

图 1-3　矩形顶管整体管节与矩形盾构复合管片

与矩形盾构法相比，矩形顶管法需要将管节逐次顶进，整条隧道在施工过程中都在移动，对周边的环境影响控制难度大。矩形顶管隧道顶部扁平，即使在管节与土体之间采用减摩泥浆可在一定程度上减小顶管掘进机、管节与周围土体之间的摩擦，但在控制不当的情况下隧道上方的土体仍然会向前移动，引发背土效应，如图 1-4 所示。

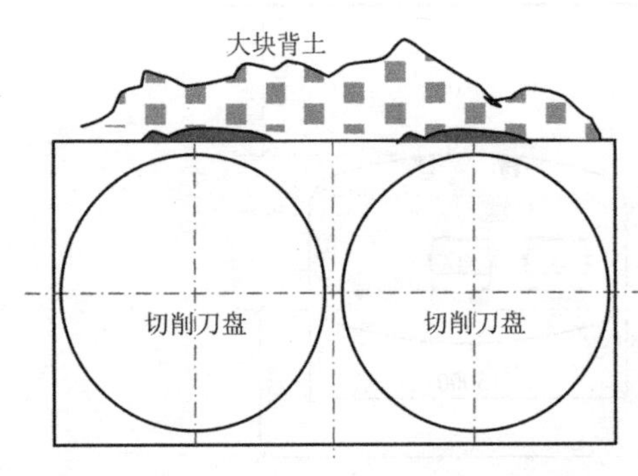

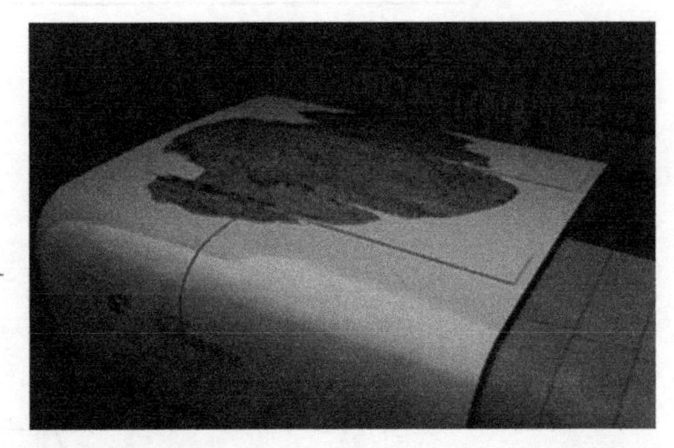

图 1-4　顶管顶部背土示意

双车道市政隧道顶管隧道断面尺寸，在采用整体管节的情况下，管片宽度达到 10.0m，高度为 5.0m 左右，单体管节质量将达到 70t，运输时需要占用两条车道，其在市政道路上的运输需要特殊的行政许可，且通常只能在夜间进行。三车道断面的公路顶管隧道，采用整体管节时，截面外包尺寸约为 14.5m × 9.5m，单体管节质量达到 140t，目前只能在现场预制、吊装与施工。这都严重限制了大断面矩形顶管隧道在城市中心地区的推广应用。

目前，国内虽然已经开展了大断面曲线矩形顶管的工程实践，但其转弯半径较大，目前并不常用。绝大部分矩形顶管隧道都采用直线平面线形的方式，这同样阻碍了大断面矩形顶管隧道的进一步推广应用。

地下通道目前采用最多的还是明挖法施工，明挖法施工相对于其他施工方法具有技术简便的特点，但有时也会带来很多负面影响。在中心城区进行大体量、大范围的管线搬迁、翻排和交通导交，不但会导致建造成本激增、建造工期延长，而且会使中心城区地面交通的正常运行受到干扰，造成重大的社会影响；明挖法施工会产生大量的粉尘，对城市空气质量的控制带来巨大的压力；明挖法施工时需进行大体量的土方卸载，将对沿线众多的既有建筑物产生不利的影响。矩形顶管法为暗挖工法，在施工过程中无需搬迁管线，除工作井外，对地面影响较小。结构采用预制拼装的方式，能充分体现“资源节约、环境友好”的施工理念。随着人们对城市生活环境的要求越来越高，在城市中心区域进行明挖地下通道的工程施工已变得愈发困难，作为暗挖工法的大断面矩形顶管法将会得到更广泛的应用。

1.2　国内矩形顶管技术现状

国内对两车道大断面矩形顶管隧道的工程实践开始于 2012 年，以郑州市红专路下穿中州大道隧道工程为标志，大断面矩形顶管工程的应用与发展正式开启，随后大断面矩形顶管工程大量涌现。

郑州市红专路下穿中州大道隧道工程[1]全长 801.263m，设计起点位于红专路-姚寨路交叉口，终点位于龙湖商务外环路，由敞口段、明挖暗埋段、顶管段组成，其中，下穿中州大道段为顶管段，长 105m。顶管段设置为双向 4 车道，其中两侧 2 孔为非机动车道与人行道，中间 2 孔为机动车道，截面均为矩形。机动车顶管隧道顶板呈微拱，结构外轮廓尺寸为 10.10m × 7.25m，结构厚度为 0.60m；非机动车矩形顶管结构外轮廓尺寸为 7.50m × 5.40m，结构厚度为 0.55m。每孔顶管隧道相邻净距仅 1m，管节标准长 1.5m。顶管隧道的顶部覆土约 4m。

郑州中州大道在纬四路-商务西三街和沈庄北路-商鼎路分别建设了大断面矩形顶管隧道[2]，其中纬四路顶管段长 110m，商鼎路顶管段长 212m，顶管段均由 4 条矩形隧道组成，车行通道断面 10.4m × 7.5m，人行通道 6.9m × 4.2m。顶管最小覆土 5.0m，最大覆土 9.0m，车行顶管之间净距 5.0m，人行与车行顶管净距 2.5m，顶管穿越粉土、粉质黏土层。刀盘采用“大刀盘 + 偏心多轴组合”形式[3]，能够实现全断面切削，顶管机分为前壳体和后壳体，前后壳体以铰接系统连接，螺旋机出土系统由对称布置的 2 台螺旋机组成。

上海市淞沪路-三门路下立交工程[4]位于杨浦区淞沪路与闸殷路交叉口，下穿大型合流污水箱涵节点采用类矩形顶管技术，顶进距离为 163.0m，采用 9.8m × 6.3m 类矩形顶管工法施工。顶管通道坡度 0.3%，通道顶部埋深 11.6～12.0m，通道平面线形为直线，主要穿越土层为砂质粉土层。

上海市陆翔路-祁连山路贯通工程[5]位于宝山区，工程采用“南隧北桥”方案，其中 2 标地道段采用矩形顶管法施工，分东西双线，单线顶管断面尺寸 9.9m × 8.15m，一次顶进距离 445m。顶管机械采用三前三后的多刀盘布置形式，由 1 只直径为 4700mm 的大刀盘和 5 只直径为 4200mm 的小刀盘组成；通过优化刀盘布置和断面形式，最大限度地提高了顶管机的掘进效率；同时，可以通过独立控制单个刀盘，平衡顶管机产生的偏转。

苏州市城北路综合管廊采用顶管工艺下穿元和塘，顶进长度为 233.6m，管廊顶管断面尺寸为 9.1m × 5.5m，距离河床底最小净距 3.5m，开挖土层主要为粉质黏土、粉砂层。由于下穿河道覆土较薄，采用了河床底部设置 800mm 厚钢筋混凝土抗浮板的加固措施，加固范围为 39m × 19.1m。

天津黑牛城地下通道长度为 92.6m，矩形顶管施工尺寸为 10.42m × 7.55m，覆土厚度为 8.17m，穿越土层主要为粉质黏土、粉土层[6]。顶管机主机采用土压平衡方式，分为前盾、尾盾、顶铁、顶进油缸、后靠板等主要部件，主机设置了六个辐条式刀盘，布设两台螺旋输送机。再经改造后，这一主机又被应用于珠海环屏路项目，分左右线顶进，顶管段长 188m，穿越土层为含水丰富的粗砂层和砂性黏土层。

国内大断面矩形顶管工程汇总统计如表 1-2 所示。从统计表中可以看出：目前最大的隧道断面为嘉兴市市区快速路环线工程（一期）[7]中采用的 14.8m × 9.426m 断面。深圳市轨道交通 12 号线沙三站采用的矩形断面高度达到 13.53m。大断面矩形隧道的最大壁厚为 950mm，最小壁厚为 600mm。从顶进距离分析，最大单次掘进距离为 445m。从采用的管节材质分析，混凝土管节是主流，只有少量工程在特殊的受力要求条件下采用钢结构 + 填充混凝土的管节[8]。整体管节制作简单，在满足运输的条件下，得到了广泛应用。为了解决运输的难题，预制拼装式管节也得到了研究与发展。从使用场景分析，大断面矩形顶管在市政道路中的应用需求最大，近年来被拓展应用到地铁车站、综合管廊等工程中。

国内大断面矩形顶管工程统计表 表 1-2

序号	项目名称	断面尺寸（外包）/m	壁厚/mm	长度/m	管节材料与结构	用途
1	郑州红专路下穿中州大道	10.10 × 7.25	600	105	钢筋混凝土，整体管节	市政道路
2	郑州下穿中州大道沈庄北路-商鼎路隧道工程	10.4 × 7.5	700	212	钢筋混凝土，整体管节	市政道路
3	天津新八大里黑牛城道地下通道工程	10.42 × 7.55	700	92.6	钢筋混凝土，整体管节	市政道路
4	苏州城北路综合管理工程	9.1 × 5.5	650	233.6	钢筋混凝土，整体管节	综合管廊
5	上海市淞沪路-三门路下立交工程	9.8 × 6.3	700	163	钢筋混凝土，整体管节	市政道路
6	上海市陆翔路-祁连山路贯通工程	9.90 × 8.15	700	445	钢筋混凝土，整体管节	市政道路
7	苏州市胥涛路对接横山路隧道工程	9.8 × 5.9	700	215.9	钢筋混凝土，整体管节	市政道路
8	上海市张江中区单元卓闻路隧道新建工程	10.06 × 5.2	700	106.2	钢筋混凝土，整体管节	市政道路
9	杭州萧山区下穿金惠路地下连接通道工程	10.06 × 5.2	700	73.5	钢筋混凝土，分块管节	市政道路
10	桐乡市乌镇大道干道快速化改造（市区段）	11.5 × 7.2	900	162	钢筋混凝土，整体管节	市政道路
11	嘉兴市市区快速路环线工程（一期）	14.800 × 9.426	900	100.5	钢筋混凝土，整体管节	市政道路
12	上海轨道交通 14 号线静安寺站顶管车站工程	9.9 × 8.7	400	82	钢管节，分块管节	地铁车站
13	珠海环屏路下穿珠海大道工程	10.40 × 7.55	700	188	钢筋混凝土，整体管节	市政道路
14	深圳市轨道交通 12 号线沙三站	11.275 × 13.530	900、950、800	70	钢筋混凝土，分块管节	地铁车站

大断面矩形顶管隧道典型断面如图 1-5 所示。两车道断面的外包尺寸宽度约为 10m，由于隧道内部通行车辆类型和通风需求的不同，隧道高度的差别较大。

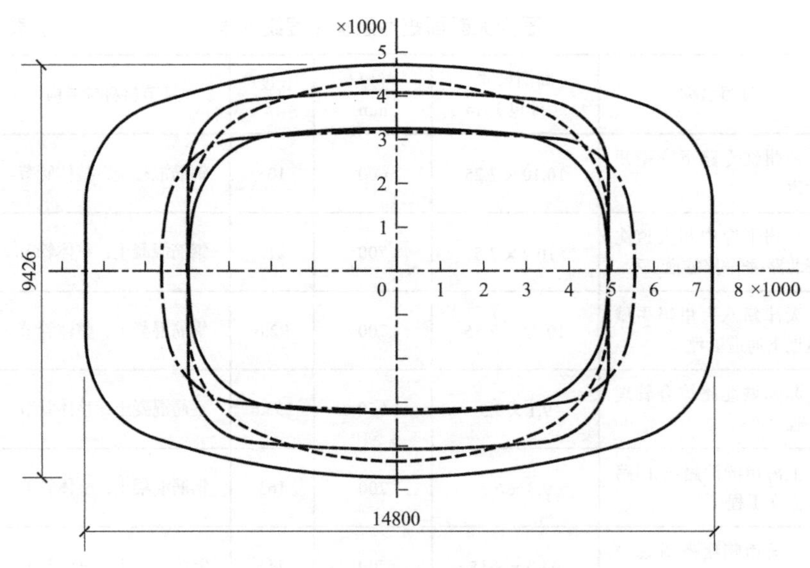

图 1-5　大断面矩形顶管隧道典型断面对比图

1.3　国外矩形顶管技术现状

顶管技术的发展具有悠久的历史。世界上第一个有据可查的关于顶管技术的记录是在 1892 年。在二战之前，美国、英国、德国和日本均发展了顶管施工技术。专门用于顶管施工的带橡胶密封环混凝土管道的出现和带有独立千斤顶、可以控制顶进方向的掘进机的成功研制，大大加速了顶管施工技术的发展；而中继间的使用，则使得长距离顶进成为可能。

20 世纪 80 年代后，世界各国掀起了异形断面掘进机开发的高潮，先后进行了矩形隧道、椭圆形隧道、双圆形隧道、多圆形隧道掘进机及施工技术的试验研究和工程应用。日本是矩形顶管隧道发展较为成熟的国家。在 20 世纪 70 年代，日本最早开发了矩形顶管机，其最初的用途主要是用于施工矩形隧道，可用于建造地下铁道的区间、车站及水底隧道旁通道等。日本在 20 世纪 80 年代开发出了多种矩形隧道掘进机，应用于多条人行隧道、公路隧道、铁路隧道、地铁隧道和排水隧道的施工中。20 世纪 90 年代，日本将遥控技术应用到顶管法中，操作人员在地面控制室中通过闭路电视和各种仪表进行遥控操作，使普遍采用人工开挖的顶管技术产生了重大革新。近 30 年来，日本率先研究开发了土压平衡、泥水平衡顶管机等先进顶管机头和施工工法，并在实际工程中进行了广泛的应用。日本矩形顶管工程代表性工程如表 1-3 所示。

日本矩形顶管工程统计表　　表 1-3

序号	项目名称	断面尺寸（外包）/m	壁厚/mm	长度/m	管节材料与结构	用途
1	胜哄东地区城市更新地下通道工程	7.4 × 4.6	650	122	钢筋混凝土，整体管节	人行
2	鲶田、浦田间新吾川 B 改良工程	5.3 × 2.9	400	19	钢筋混凝土，整体管节	排水
3	辻堂南部排水管新建工程	4.7 × 2.2	侧墙 300 顶板 400	149	钢筋混凝土，整体管节	排水
4	新东名高速道路伊势原 JCT 工程	4.90 × 6.15	450	40.5	钢筋混凝土，分块管节	人行 车行
5	农用道路建设项目市毛津田地区国道 6 号隧道	5.0 × 6.3	500	32	钢筋混凝土，分块管节	人行 车行

（不完全统计）

从表 1-3 中可以看出，与国内相比，日本矩形顶管隧道的断面较小，单次顶进长度较短。在高度大于 6m 的情况下都采用了分块的形式，这可能是由于日本道路交通运输法的限制。在日本的矩形顶管施工案例中，预制拼装式管节结构形式、浅覆土施工、曲线矩形顶管等技术值得借鉴与学习。在农用道路建设项目市毛津田地区国道 6 号隧道中，隧道的外包宽度为 5.0m，高度为 6.3m，管节壁厚为 0.5m，顶管穿越国道 6 号高速公路。隧道用作人行与车行通道。顶管机穿越腐殖土、混有砂与砾的黏土，$N = 5 \sim 20$。该工程在最小覆土厚度为 1.8m 且没有采用辅助工法的情况下实现了穿越，如图 1-6 所示。为了管节运输的方便，施工时采用了上下二分式的管节结构，如图 1-7 所示。

图 1-6　农用道路建设项目市毛津田地区国道 6 号工程中的浅覆土与矩形顶管机[9]

①—矩形管节组装情况

图 1-7　农用道路建设项目市毛津田地区国道 6 号工程中分块管节结构[9]

在曲线矩形顶管隧道方面，大宫西部地区扇大道雨水干管建造工程采用的矩形顶管管节外包宽度为 3.3m，高度为 2.5m，内净空宽度为 2.8m，高度为 1.8m，侧墙厚度为 0.25m，顶板厚度为 0.35m。顶管隧道平面线形为转弯半径 100m 的 S 形，如图 1-8 所示。

(a) 施工中的矩形顶管隧道

(b) 施工完成后的矩形顶管隧道

图 1-8　大宫西部地区扇大道雨水干管工程采用的曲线矩形顶管隧道[9]

1.4 本书主要内容

本书详细介绍了矩形顶管隧道的结构受力、预制拼装式管节、超大断面、长距离掘进技术、管节纵向连接与接缝防水等设计与施工关键技术，包括7个章节。第1章为绪论，对国内外矩形顶管的发展现状进行了总结，并介绍了本书的主要内容。第2章主要从隧道断面设计、结构受力分析、管节结构设计、构造设计等角度，介绍了大断面矩形顶管隧道的结构受力分析与设计。第3章主要介绍了预制拼装式管节的设计方法及开展的接头承载力与抗渗试验结果。从结构受力、隧道断面的建筑布置、构造设计等角度，介绍了大断面矩形顶管隧道预制拼装式管节的应用。第4章主要从顶进力与后靠背设计、联络通道设计、微扰动施工等角度，介绍了超长距离矩形顶管的设计与施工技术，并介绍了长度为445m的双向四车道矩形隧道的工程应用。第5章聚焦大断面、浅覆土、小净距等矩形顶管隧道的设计与施工关键技术，并介绍了三车道特大断面矩形顶管隧道在嘉兴市市区快速路环线工程（一期）中的应用。第6章主要介绍了大断面矩形顶管设计中所采用的弹性橡胶密封垫的防水性能及管节之间纵向连接的研究。第7章主要对大断面矩形顶管法隧道的未来发展进行了展望。

第 2 章

大断面矩形顶管隧道结构设计

2.1 大断面矩形顶管隧道断面设计

大断面矩形顶管断面布置应满足工程道路建筑限界、供暖通风、电气、消防及给水排水等专业设备的使用要求，确定经济合理的断面布置。通常情况下，矩形顶管隧道断面可采用矩形、类矩形及平底类矩形三种形式。其中，矩形断面通常由对严格几何意义上的矩形的四角进行倒角处理得到；类矩形断面是对隧道的顶部或四边进行起拱设计，通过合理的起拱改善结构受力，从而形成的断面形式；平底类矩形即采用顶部起拱，而底部为直线的断面形式。

本节将结合大断面矩形顶管隧道在两车道和三车道隧道中的工程应用，分别对其断面形式和内轮廓构型等展开分析。

2.1.1 矩形顶管隧道建筑限界

根据地下道路机动车道相关标准要求，采用两车道设计时，道路等级一般为城市主干路、城市次干路，两车道横断面建筑限界宽度计算如下：0.2m（装饰层）+ 0.25m（余宽）+ 0.25m（侧向宽度）+ 2 × 3.5m（机动车道）+ 0.25m（侧向宽度）+ 0.25m（余宽）+ 0.2m（装饰层）= 8.4m（净宽）。两车道横断面建筑限界宽度可选用 8.5m。

三车道横断面通常应用于城市快速路或城市主干路，相对来说技术标准较高，一般情况下的建筑限界计算如下：0.5m（单侧管线及装饰层）+ 0.25m（余宽）+ 0.5m（侧向宽度）+ 3.75m（大型机动车道）+ 2 × 3.5m（机动车道）+ 0.5m（侧向宽度）+ 0.25m（余宽）+ 0.2m（装饰层）= 12.95m（净宽）。三车道横断面建筑限界宽度可选用 13m。

根据《城市道路工程设计规范》CJJ 37—2012（2016 年版），车行隧道净高一般不小于 4.5m，道路限界顶部考虑管线和照明监控等整合空间预留约 0.3m，当矩形顶管隧道断面内设置风机时，相应增加其高度，道路限界下部考虑道路横坡 2% 以及沥青路面等，内轮廓净高为 H ，一般情况下选用 5.2m，如图 2-1 所示。

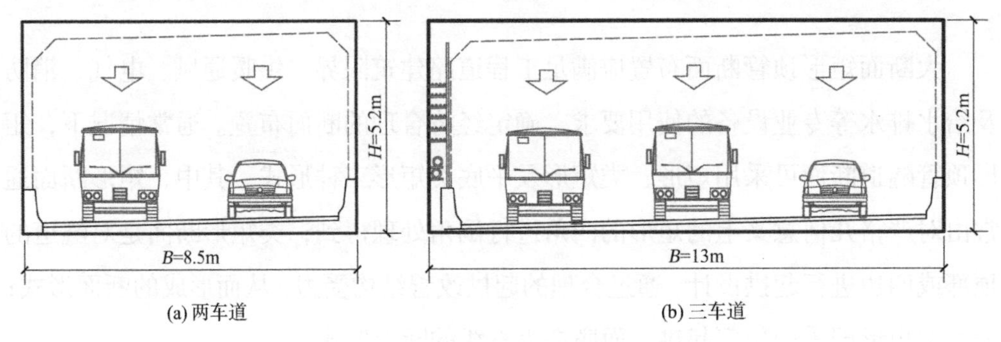

图 2-1　隧道内部空间要求示意图

2.1.2 两车道矩形顶管断面设计

两车道矩形顶管隧道采用矩形、类矩形和平底断面进行初步方案设计，以内部宽度 8.5m 为例，各断面形式如图 2-2 所示，从结构受力、施工难度、经济性指标等方面进行综合比选。

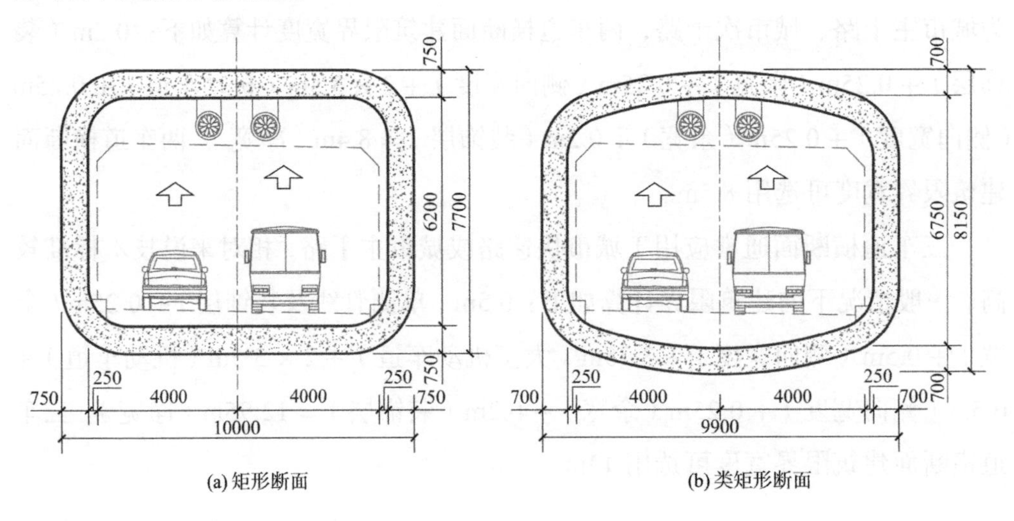

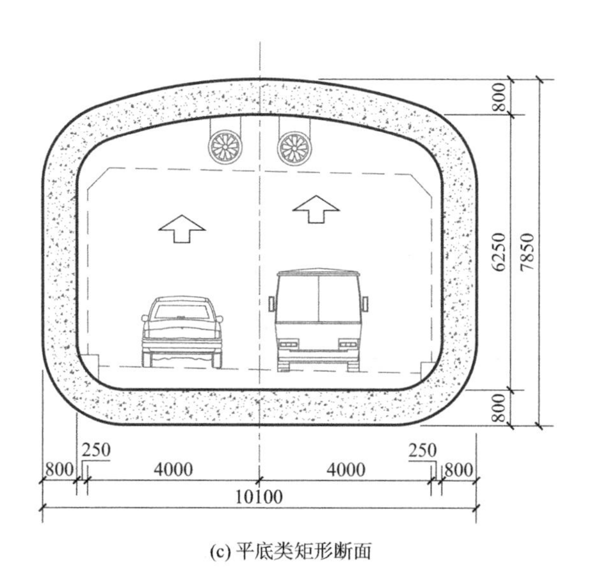

(c) 平底类矩形断面

图 2-2　典型矩形顶管断面形式

1. 结构受力分析

常规两车道矩形顶管覆土厚度一般为 3～5m，这里以上海市陆翔路-祁连山路贯通工程Ⅱ标顶管工程典型断面比选为例进行三种断面结构受力分析，隧道顶部覆土厚度取 4m，选取最不利工况进行建模计算分析，三种断面形式的内力比较情况见表 2-1。

结构内力对比情况（每延米）　　表 2-1

断面形式	矩形	类矩形	平底类矩形
顶板跨中弯矩/（kN · m）	729.9	630.3	637.5
底板跨中弯矩/（kN · m）	766.7	649.8	800.1
最大剪力/kN	527.5	448.0	505.1
推荐板厚/mm	750	700	800

根据表 2-1 可知：

（1）顶板跨中弯矩：矩形断面最大，两种类矩形断面差异较小；

（2）底板跨中弯矩：平底类矩形最大；

（3）类矩形断面形式内力在三种断面形式中最小，所需截面也最小。

2. 断面几何尺寸

在满足典型两车道矩形顶管工程道路限界要求和通风、照明等设备的使用要求的情况下，根据结构受力计算结果确定的比较经济的三种断面形式的几何尺寸如表 2-2 所示。

断面几何尺寸对比情况 **表 2-2**

断面形式	矩形	类矩形	平底类矩形
结构厚度/m	0.75	0.70	0.80
结构总宽度/m	10.00	9.90	10.10
结构总高度/m	7.70	8.15	7.85
外轮廓面积/m^2	74.06	72.46	73.37
内轮廓面积/m^2	51.66	52.18	50.01
结构面积/m^2	22.40	20.28	23.36
外轮廓周长/m	32.22	31.17	31.72

比较可知，在满足结构受力情况下，类矩形断面结构厚度最小、结构断面面积最小，因此相对经济指标最优。

3. 施工便利性

从施工角度出发，三种断面形式结构宽度与外轮廓周长差异较小，但矩形断面竖向高度最小，从地道竖向布置及施工便利方面考虑有一定的优势，其次为平底类矩形断面，类矩形断面的施工便利性略弱于平底断面。此外，底部采用平底有利于顶管千斤顶布置，可以使作用于管节上的顶力分布更均匀，有助于控制不平衡顶力，从而减小环缝螺栓剪力。

综合分析，类矩形断面受力合理，有利于减小结构厚度，从而减小预制管节的运输及吊装难度，经济指标最好。矩形断面和平底类矩形断面可降低整体高度，更有利于施工。

2.1.3 三车道矩形顶管断面设计

根据第 2.1.2 节关于两车道矩形和类矩形断面的方案对比分析，在三车道矩形顶管断面选择上，由于宽度较两车道增加了约 40%，更大的跨度要求更有利的结构受力体系，因此后续均考虑采用类矩形断面形式进行分析。

结合目前大跨度矩形顶管和矩形盾构工程的成功经验，最小覆土厚度取（0.5～0.6）B，即选取 7.5m 厚度。在此覆土荷载作用下，对三车道接近 15m 跨度的类矩形断面顶部起拱量进行精细化分析与设计。

根据图 2-3 所示的几何关系，起拱圆半径与横断面宽度以及矢跨比有如下关系：

$$R = \frac{B}{2}\left(\frac{1}{4\delta} + \delta\right) \tag{2-1}$$

式中：R 为顶部圆拱半径；B 为内轮廓净宽；δ 为矢跨比，$\delta = h/B$，h 为矢高。

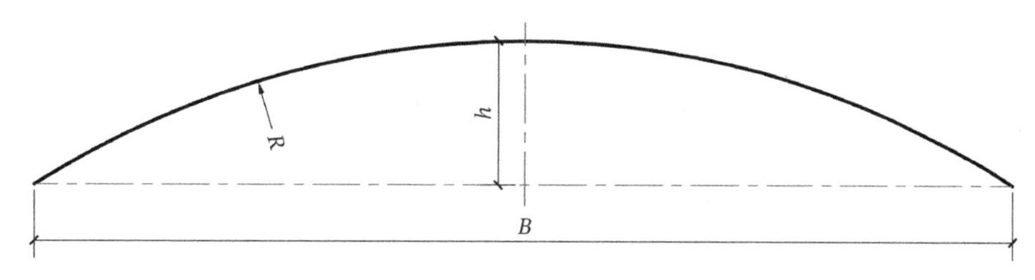

图 2-3　顶部矢高关系图

软土地层中，隧道顶部和底部受力基本均匀分布，将横断面设计为对称形式，如图 2-4 所示。与顶板水平设计相比，顶部拱形以及与侧墙处的弧形连接有利于泥浆套浆液流动和补充。

在矩形顶管施工顶推方面，矩形顶管掌子面的面积（A）以及周长（c）为限制其长距离顶进实施的两个主要方面。根据几何关系推导可知，内轮廓横断面面积 A 及周长 c 与矢跨比有如下关系：

$$A = 2\left(\frac{\pi R^2 \arcsin\left(\frac{B}{2R}\right)}{180} - B(R - B\delta)\right) + BH \tag{2-2}$$

$$c = \frac{2\pi R \arcsin\left(\frac{L}{2R}\right)}{90} + 2H \tag{2-3}$$

式中：B 为内轮廓净宽；H 为内轮廓净高；L 为单向顶推总长度；R 为拱部圆半径；δ 为矢跨比。

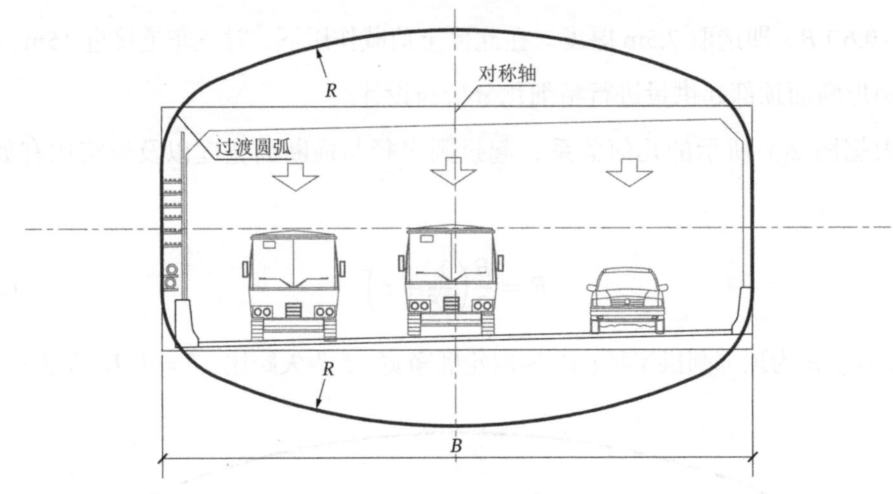

图 2-4　横断面内轮廓简图

根据顶进计算理论，顶推力 N 主要由掌子面荷载以及管节周边摩阻力组成。

$$N = pA + fcL \tag{2-4}$$

$$p = k_{\mathrm{p}}\gamma h \tag{2-5}$$

式中：p 为掌子面计算中心水土压力，根据相关标准取用掌子面中心点处被动水土压力；f 为土体对管节的摩阻力；γ 为土体重度；h 为掌子面中心埋深；L 为隧道长度；k_{p} 为被动土压力系数。

根据《建筑结构静力计算手册》[10]，对拱形结构顶部最大弯矩以矢跨比解析式表达：

$$M = f(\delta) \tag{2-6}$$

当矢跨比较大时，内轮廓形状接近圆形，结构受力也将达到最小，但其顶推荷载也将达到最大。综合顶推力及管节内力与矢跨比的变化曲线（图 2-5），可知随着矢跨比的减小，弯矩逐步增大，顶推力减小，在矢跨比小于 1/7 后变化幅度均大幅度降低。因此，典型三车道矩形顶管管节设计时选用矢跨比 0.14，断面内轮廓净高 8.9m，宽度 13m。矢跨比选取与顶推力、顶进距离以及所处地层等因素有关，在具体工程中可根据实际情况选取合适数值。

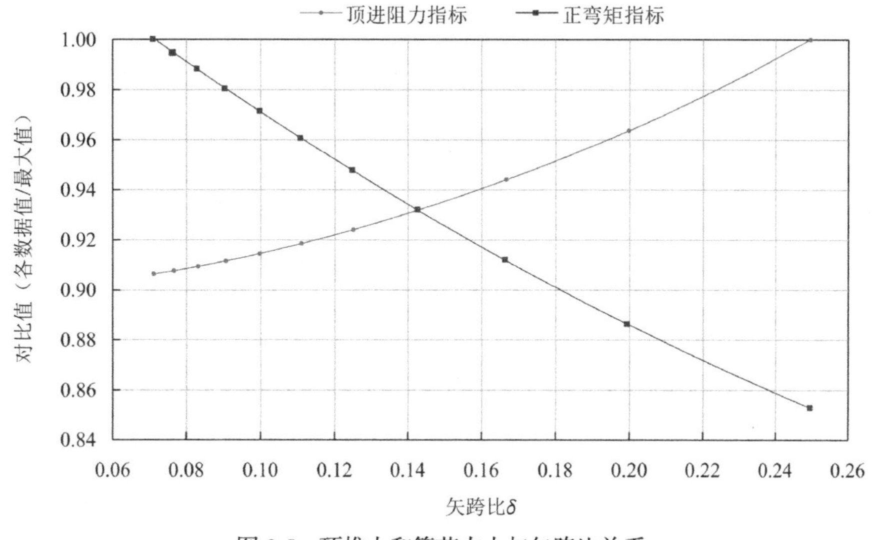

图 2-5　顶推力和管节内力与矢跨比关系

2.2　矩形顶管隧道的受力分析方法

2.2.1　荷载分类

矩形顶管隧道管节的设计除应满足隧道使用阶段的承载能力及使用功能要求外，仍须满足施工过程中的安全性要求。荷载取值应考虑施工过程中的各个阶段和竣工后的最不利荷载组合状态。隧道结构上作用的荷载分类见表 2-3。

隧道结构上作用的荷载分类　　　　表 2-3

<table>
<tr><th colspan="2">荷载分类</th><th>荷载名称</th></tr>
<tr><td colspan="2" rowspan="9">永久荷载</td><td>结构自重</td></tr>
<tr><td>地层压力</td></tr>
<tr><td>静水压力</td></tr>
<tr><td>隧道上部和破坏棱体范围的设施及建筑物压力</td></tr>
<tr><td>固定设备重量</td></tr>
<tr><td>预加应力</td></tr>
<tr><td>混凝土收缩和徐变影响</td></tr>
<tr><td>地基下沉影响</td></tr>
<tr><td>地面车辆荷载及其动力作用</td></tr>
</table>

注：1. 设计中要求考虑的其他荷载，可根据其性质分别列入上述三类荷载中。

2. 静水压力按设计常水位计算。

3. 水压力变化 1、水压力变化 2 分别对应设计常水位与设计最高水位差、设计常水位与设计最低水位差。

4. 施工荷载包括：设备运输及吊装荷载，施工机具、施工堆载，相邻隧道施工的影响，矩形顶管机施工时千斤顶顶力及压浆荷载等。

5. 表中所列荷载本节未加说明的，可按现行有关标准或根据实际情况确定。

2.2.2 荷载计算

矩形顶管隧道荷载分布见图 2-6，各荷载计算过程及参数取值如下。

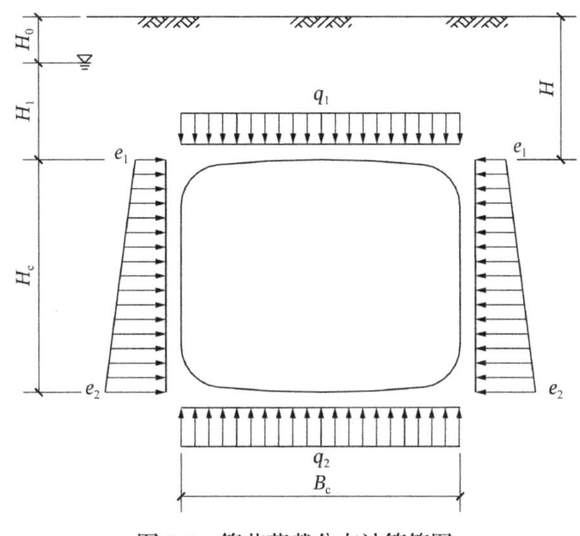

图 2-6　管节荷载分布计算简图

1. 隧道顶部竖向土压力 q_1（kPa）计算

对于浅埋隧道：

$$q_1 = q_0 + \sum_{i=1}^{n} \gamma_i h_i \tag{2-7}$$

式中：q_0 为地表面均布超载标准值（kPa），一般取 20～30kPa，应按实际情况取值；h_i 为隧道顶各层土的厚度（m）；γ_i 为隧道顶各层土的重度标准值（kN/m^3）。

对于深埋隧道，当考虑卸载拱效应时，可采用太沙基公式按下式计算：

$$q_1 = \frac{B_1\left(\gamma - \dfrac{c_k}{B_1}\right)}{k_0 \tan\varphi_k}\left(1 - e^{-k_0 \tan\varphi_k \cdot H/B_1}\right) + q_0 e^{-k_0 \tan\varphi_k \cdot H/B_1} \tag{2-8}$$

式中：B_1 为（半）松动带宽度（m）；H 为顶部覆土厚度（m）；γ 为顶部覆土的重度标准值（kN/m³）；c_k 为隧道所穿越土层的加权平均黏聚力标准值（kPa），可按三轴固结不排水剪切试验测定的强度指标 c_{cu} 或直剪固结快剪试验强度指标 c_{cq} 取用；φ_k 为隧道所穿越土层的加权平均内摩擦角标准值（°），可按三轴固结不排水剪切试验测定的强度指标 φ_{cu} 或直剪固结快剪试验强度指标 φ_{cq} 取用；k_0 为隧道穿越土层的静止土压力系数，由试验测定，也可按经验公式确定。

隧道结构顶部弧度较大时，尚需考虑拱背土压力的分布影响。

2. 隧道顶、底部水平向土压力 e_1（kPa）、e_2（kPa）计算

施工阶段水平地层压力宜按水土分算的原则考虑，采用朗肯土压力公式计算；在有工程经验时，对于黏性土可采用经验系数法按水土合算的原则计算。

当采用朗肯土压力公式时：

$$e_1 = q_1 k_a - 2c_k\sqrt{k_a} \tag{2-9}$$

$$e_2 = e_1 + k_a \gamma'_{t1} H_c \tag{2-10}$$

$$k_a = \tan^2\left(45° - \frac{\varphi}{2}\right) \tag{2-11}$$

式中：k_a 为主动土压力系数；γ'_{t1} 为隧道所穿越土层的加权平均重度标准值（kN/m³），地下水位以上土层取天然重度，地下水位以下土层取浮重度；H_c 为管节顶、底板中心计算高度（m）。

当采用经验系数法公式计算时：

$$(e_1) = \lambda q_1 \tag{2-12}$$

$$(e_2) = (e_1) + \lambda \gamma_{t1} H_c \tag{2-13}$$

式中：λ 为隧道所穿越土层的侧压力系数；γ_{t1} 为隧道所穿越土层的加权平均重度（kN/m³），地下水位以上土层取天然重度，地下水位以下土层取饱和重度。

使用阶段水平地层压力应按静止土压力计算，采用水土分算的原则计算：

$$e_1 = K_0 q_1 \tag{2-14}$$

$$e_2 = e_1 + K_0 \gamma'_{t1} H_c \tag{2-15}$$

$$K_0 = a - \sin\varphi' \tag{2-16}$$

式中：a 为土层系数，当隧道穿越砂土、粉土时取 $a = 1$，当隧道穿越黏性土、淤泥质土时取 $a = 0.95$；φ' 为隧道所穿越的土层的加权平均有效内摩擦角标准值（°），可按三轴固结不排水剪切试验（带测孔隙水压力）或三轴固结排水剪切试验测定。

3. 管节自重 g_c（kN/m）计算

$$g_c = \gamma_c t_c c \tag{2-17}$$

式中：γ_c 为管节重度标准值（kN/m^3），钢筋混凝土管节可取 $25kN/m^3$；t_c 为管节顶板、底板、侧墙以长度为权重的加权平均厚度（m）；c 为管节周长（m）。

4. 静水压力 q_w（kPa）计算

$$q_w = \gamma_w H_w \tag{2-18}$$

式中：γ_w 为地下水的重度标准值（kN/m^3），可取 $10kN/m^3$；H_w 为计算高度处地下水埋深（m）。

当水平向土压力采用经验系数法水土合算时，不计静水压力。

5. 底部地基竖向反力 q_2（kPa）计算

$$q_2 = q_1 + g_c/B_c - \gamma_w H_c \tag{2-19}$$

式中：B_c 为管节计算宽度（m）。

2.2.3 计算模型

考虑分析问题的简便性及主次关系，隧道结构通常建议横向、纵向按各自独立的原则进行计算，分析以横向为主，纵向按需进行。

横向隧道结构横断面内力计算模型应根据地层情况、管节构造特点、荷载特点及施工工艺等确定。对于地下结构，计算模型宜考虑管节与地层相互作用。分块装配式管节宜考虑接头的影响。

1. 弹性均质模型

对于整体式顶管管节，单环管节可采用弹性均质模型计算。管节采用梁单元模拟，管节与地层的相互作用可采用仅受压地基弹簧考虑。通常地基弹簧仅考虑法线方向的地基反力作用，并从提高结构安全储备角度出发忽略切线方向弹簧作用；如需考虑切线方向弹簧作用，其地基弹簧系数可取为法向地基弹簧系数的 1/3。

2. 弹性铰模型

对于分块拼装成环的顶管管节，尽管各块之间的接缝弯曲刚度小于管节本体截面的弯曲刚度，但仍能传递一定的弯矩，可将接缝视作一个“弹性铰”。对采用通缝拼装的顶管隧道，整个管节为含多个“弹性铰”的结构。接头处的“弹性铰”可采用旋转弹簧进行模拟，并假设弯矩与转角 θ 成正比。由此计算的内力为：

$$M = K_{\theta}\theta \tag{2-20}$$

式中：K_{θ} 为接头的回转弹簧刚度，计算时应注意接头的抗正、负弯矩回转刚度取值不同，一般由试验或经验确定。

2.2.4 计算工况

矩形顶管隧道管节设计应按实际工况采用合理的计算模型与参数、边界条件、结构材料性能指标及构造措施等，并分析考虑生产、施工阶段不利荷载的影响，防止管节在施工过程中出现开裂、破坏、变形过大、沉陷和漏水等不良情况。顶管隧道管节设计应主要考虑以下工况的不利影响，采取有效的设计和施工措施来保障管节的施工安全。

1. 管节预制及吊装工况

大断面顶管管节自重大，管节下井吊装受力工况与正常使用阶段差异巨大，因此应合理设置及选用吊点、吊具，结合实际施工吊点布置情况，进行管节吊装过程的结构内力分析，对吊环的承载力、吊装孔与管节局部受压及抗冲切承载力进行核算，加强吊点构造配筋，避免吊点处混凝土局部破坏。管节吊装验算应将构件自重乘以相应的动力系数。

2. 顶管顶进

顶管顶进工况有别于其他非开挖工艺的施工工况。对于长距离大断面顶管，需要克服开挖面及管节的侧向压力，千斤顶的推力需求大，因此应验算顶管环面局部受压承载力。当千斤顶顶力存在偏心时，局部受压现象更加明显，且容易引起管节纵向弯曲，从而导致管节的开裂及压碎，在设计中应仔细验算。

管节的制作及拼装误差会加剧上述现象的发生，因此应加强管节的生产管理，提高管节加工精度，并降低管节拼装误差；同时顶进过程中应采取措施减小轴线及施工误差，控制纠偏过程中千斤顶顶力的分布差异。

3. 顶管泥浆置换

顶管接收完成后需要对管节周围减摩泥浆进行置换，一般采用水泥浆等可硬性浆液，达到控制地面下沉及隧道上浮的目的。在置换浆液初凝以前，流动状的浆液将对管节产生浮力，泥浆置换工况与正常使用工况下的荷载分布存在差异，应核算置换工况中管节的承载力及变形。

2.3 预制拼装式管节结构设计

2.3.1 分块方案研究

当大断面矩形顶管隧道管节具备整节生产、运输及施工的条件时，宜采用整节预制管节。这种管节不仅具有结构刚度高、承载力高的优点，还能有效减少接缝数量，有利于管节防水。当大断面顶管管节不具备整节生产、运输或施工的条件时，需将断面“化整为零”拆成若干分块。尤其在市政工程中，大断面顶管管节运输及拼装是顶管管节设计过程中需要考虑的关键因素。

顶管管节采用分块设计时，接缝应设置在剪力及弯矩相对较小的位置，减小接缝处的张开变形，并有效减小设缝处管节对螺栓受力的依赖。在满足生产、运输及施工要求的条件下，应尽量减少接缝数量。

根据道路运输的尺寸要求，矩形顶管可以考虑以下几种分块形式，如图 2-7 所示。

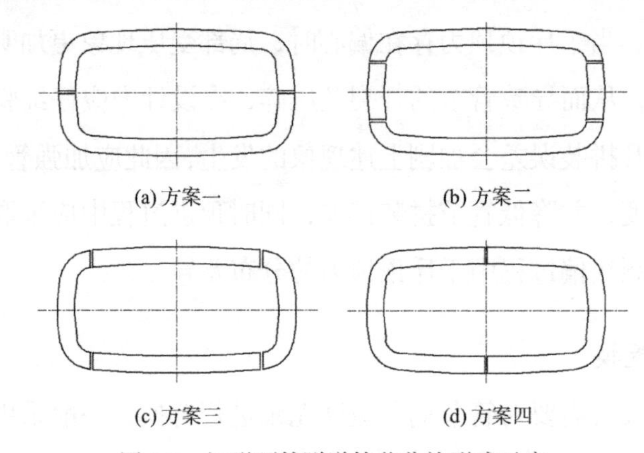

图 2-7　矩形顶管隧道管节分块形式示意

方案一：接头位于侧墙中部，共 2 个接头。根据受力分析，侧墙中部剪力为零，弯矩为负弯矩，同时为侧墙范围内弯矩最小的部位。管节较大，高度为 2.5m 左右，可满足运输要求。

方案二：接头位于侧墙上下端部，共 4 个接头。根据受力分析，侧墙端部存在剪力为零的区域，弯矩为负弯矩，但同时为侧墙范围内负弯矩最大的部位。管节较小，运输方便。

方案三：接头位于顶、底板临近端部部位，共 4 个接头。根据受力分析，顶、底板临近端部存在弯矩为零的区域，但同时为顶、底板剪力最大的部位。管节较小，运输方便。

方案四：接头位于拱顶中间部位，共 2 个接头。根据受力分析，顶、底板中部为弯矩最大的区域，该部位剪力最小。对接头受力要求高，管节较高，运输不便。各方案适用性能的对比如表 2-4 所示。

各种分块方案适用性能对比表　　表 2-4

方案	方案一	方案二	方案三	方案四
接头数量	2	4	4	2
接头受力的合理性	一般	一般	较差	差
防水构造的可靠性	较好	较好	一般	差
拼装难易程度	简单	一般	一般	简单
可运输性	一般	好	好	一般

在综合考虑接头数量、拼装难易程度的基础上，选用方案一上下二分式管节作为预制拼装管节的设计方案。

2.3.2 接缝方案比选

常见的接头方式有两种：螺栓接头和湿接缝接头。

1. 螺栓接头

一般来说，螺栓接头的构造都至少含有连接件、弹性密封垫和嵌缝几个部分，根据受力和施工需要可以额外设置凹凸榫和传力衬垫。常用的纵向接缝形式有通缝和错缝两种，如图 2-8 所示。

对于分块较少的顶管断面，通缝位置的确定相比错缝简单，正常工况下受力传递模式亦比错缝明确。但在顶管施工过程中，考虑千斤顶顶力的不均匀性等因素对环向螺栓的影响，当作用在管节上的不平衡顶力较大时，容易造成环向螺栓的剪断失效，因此通缝设置对环向螺栓的抗剪切要求高。矩形顶管隧道通缝、错缝拼装可分别采用对称、反对称分块的管节分块形式，如图 2-9 所示。

当矩形顶管隧道顶进距离长、断面大时，施工控制允许顶力大，从施工安全的角度出发，推荐采用错缝拼装形式，以提升结构断面的整体性。错缝位置根据结构受力计算结果及分片形式，综合确定设在侧墙位置剪力及弯矩均较小处，以减小环向螺栓抗剪应力。

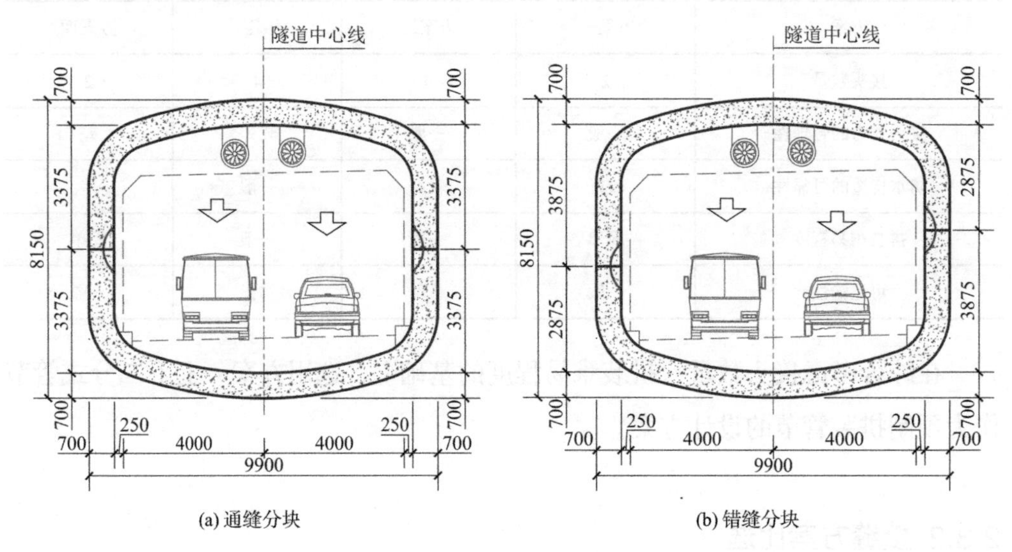

(a) 通缝分块　　(b) 错缝分块

图 2-8　管节分块示意图

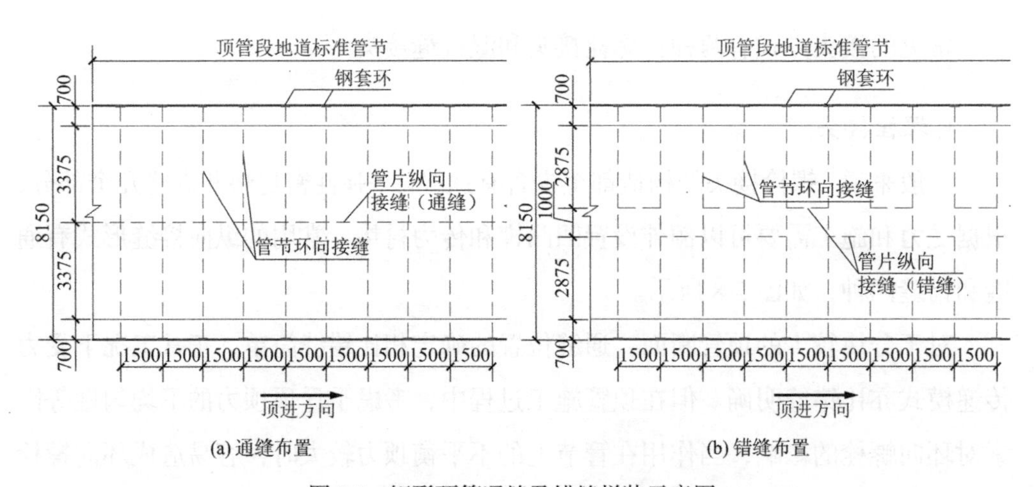

(a) 通缝布置　　(b) 错缝布置

图 2-9　矩形顶管通缝及错缝拼装示意图

在管节断面计算模型中，对接缝处采用弹性铰模型进行受力分析。

采用螺栓接头方案时，接缝处选用的弹性密封垫是隧道管节防水的关键环节，纵缝与环缝防水构造措施的有效过渡与转换，制约着螺栓接头的应用。

2. 湿接缝接头

近年来，湿接缝接头方案已在装配式住宅与预制拼装桥梁结构中得到了广泛应用（图 2-10）。UHPC（超高性能混凝土）是一种高强度、高韧性、低孔隙率的超高强度水泥基材料，具有自流平的浇筑性能，同时又具有优异的力学性能和耐久性，其 3d 抗压力学性能可达到 28d 强度的 70%～80%。另外，钢筋在 UHPC 中的充分锚固长度只需要满足（3～4）D（钢筋直径）[11]，是其在普通混凝土中充分锚固长度的约 1/10。因此，湿接缝连接部位无须布置钢筋连接套筒，大大减少了施工难度与作业时间，管节纵缝与环缝可以形成系统防水体系。

在管节断面计算模型中，当湿接缝传力性能有保障时，该断面可采用均质模型进行受力分析。

图 2-10　湿接头的应用场景

2.3.3 UHPC 接缝设计

根据超高性能混凝土的特点及相关试验研究，接头采用湿接缝形式进行设计，在上下二分式管节运输至施工现场后对接浇筑湿接缝。湿接缝设计长度为 500mm，上下二分式管节在接头处受力钢筋伸出长度为 450mm，两端伸出钢筋位置适当错开，以便接缝时进行有效连接，如图 2-11 所示。

根据管节受力计算配置受力钢筋，内侧受力钢筋为18Φ25，外侧为21Φ32，如图2-12所示。在接缝长度范围内设置箍筋，并采用四肢箍形式，结合中间两处拉结筋对钢筋骨架进行固定加强。

图2-11　二分法湿接头构造示意图

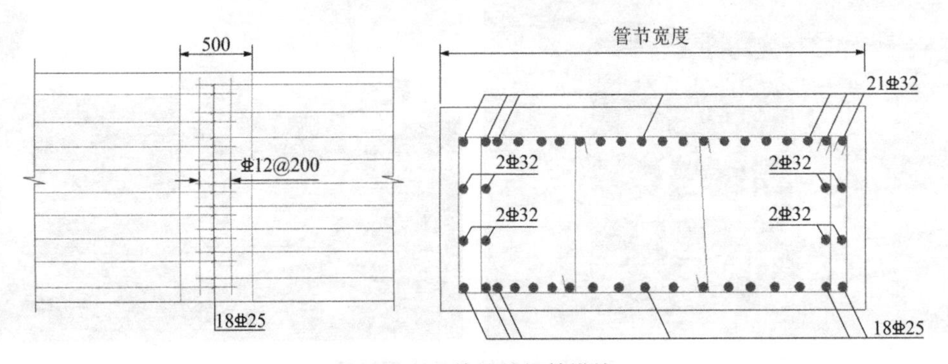

图2-12　湿接缝处钢筋搭接

2.4　大断面矩形顶管隧道构造设计

2.4.1　矩形顶管隧道工作井设计

工作井（图2-13）分为始发井（又称始发工作井）和接收井。始发井为顶管机械拼装、顶管始发、管节吊装、管节顶进及排浆出土、材料物资进出等提供施工空间。接收井为顶管接收贯通、顶管机械拆吊提供施工空间。

工作井的尺寸应综合考虑顶管机械、管节吊装、顶进及其他施工操作空间等因素，确定合适的尺寸。

图 2-13　矩形顶管隧道工作井

始发井的长度按下式估算：

$$L \geqslant L_1 + L_2 + L_3 + S_1 + S_2 + S_3 \tag{2-21}$$

式中：L 为工作井最小净长度（m）；L_1 为顶管机长度（m）；L_2 为千斤顶长度（m）；L_3 为后座及扩散段厚度（m）；S_1 为顶铁厚度（m）；S_2 为顶入管节留在导轨上的最小长度（m）；S_3 为考虑顶进管段回缩及便于安装管节所留的附加间隙（m）。

始发井的最小净宽度可按下式估算：

$$B \geqslant B_c + 2b \tag{2-22}$$

式中：B 为工作井的最小净宽度；B_c 为矩形顶管隧道外轮廓宽度；b 为施工操作空间，可取 0.8～1.5m。

始发井的内净高可按下式估算：

$$H \geqslant H_c + h \tag{2-23}$$

式中：H 为工作井最小深度；H_c 为矩形顶管隧道外轮廓高度；h 为管底下方

的操作空间，钢筋混凝土管节可取 0.4～0.5m。

接收井无须设置后座、顶铁等相关设备，纵向尺寸可适当缩小，但应考虑顶管机设备的拆卸吊装工况，综合考虑后确定接收井的净空尺寸。

2.4.2 顶推系统、始发与接收加固设计

1. 顶推系统组成

由于大断面矩形顶管隧道的工艺特性，其隧道推进动力来源于始发井内的顶推系统，通常包括环形顶铁、主顶油缸及其支架、后靠装置等。后靠装置一般设置一组钢结构后靠，根据顶进最大力计算情况，可在钢结构后靠后增设钢筋混凝土后靠，以便使超大的顶推力均匀传递至后侧结构及加固土中，如图 2-14 所示。

千斤顶动力系统通常根据断面大小，采用底板单排式千斤顶组合、U 形布置千斤顶组合或者环形千斤顶组合等形式。

图 2-14　大断面矩形顶管后靠系统组成

2. 始发与接收加固设计

大断面矩形顶管隧道始发和接收是隧道施工的重大风险源，施工前应确保

洞口外侧土体的稳定，以防止出现洞口涌水、涌泥、涌砂等事故。在软土地区，为确保顶管始发和到达端头土体具有一定的强度，防止土体坍塌涌入井内，同时确保土体具有一定的抗渗透性，通常在始发与接收端头一定范围进行土体加固。矩形顶管隧道始发与接收加固可参考盾构隧道加固理论与计算方法，此处不再赘述。

2.4.3 注浆孔及预埋件设计

根据管节拼装系统的组成以及施工顺序，管节纵向端部设置钢套环及相应的1～2 道楔形橡胶密封圈，形成 F 形承插接头，如图 2-15 所示。

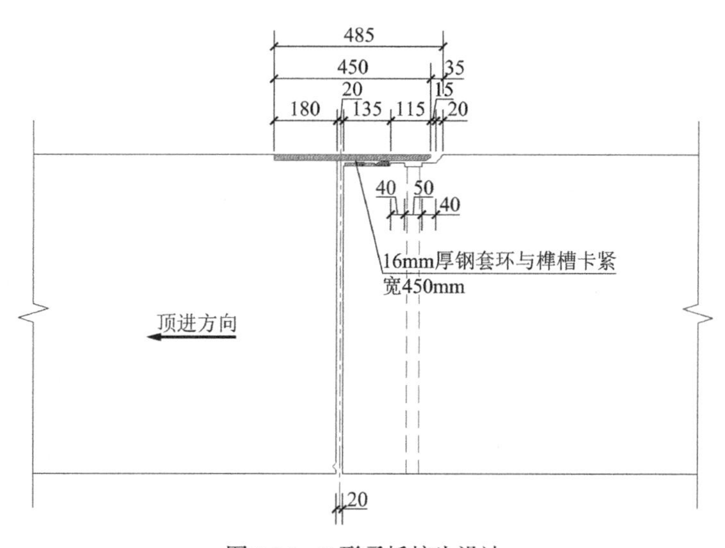

图 2-15　F 形承插接头设计

在每块管节按间隔设置不同直径的预埋管（图 2-16）。其中，较大直径预埋管具有打土功能，可以防止隧道的沉降，常用外径为 80～100mm；较小直径预埋管为防水堵漏管，常用外径为 8～12mm；中间直径预埋管为减摩泥浆注浆管，常用外径为 50mm。上述承插口、预埋管等详细设计可参照本书后续章节的案例内容。

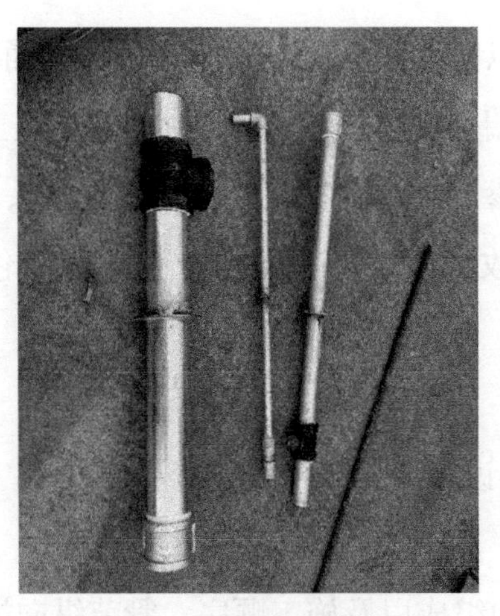

图 2-16　预留注浆管

1. 始发管节预埋件设计

由于大断面矩形顶管隧道掘进机设备重量大、纵向长度短，为加强设备与后续管节的整体性，通常将前 5～10 环进行拉紧设计，如图 2-17 所示。

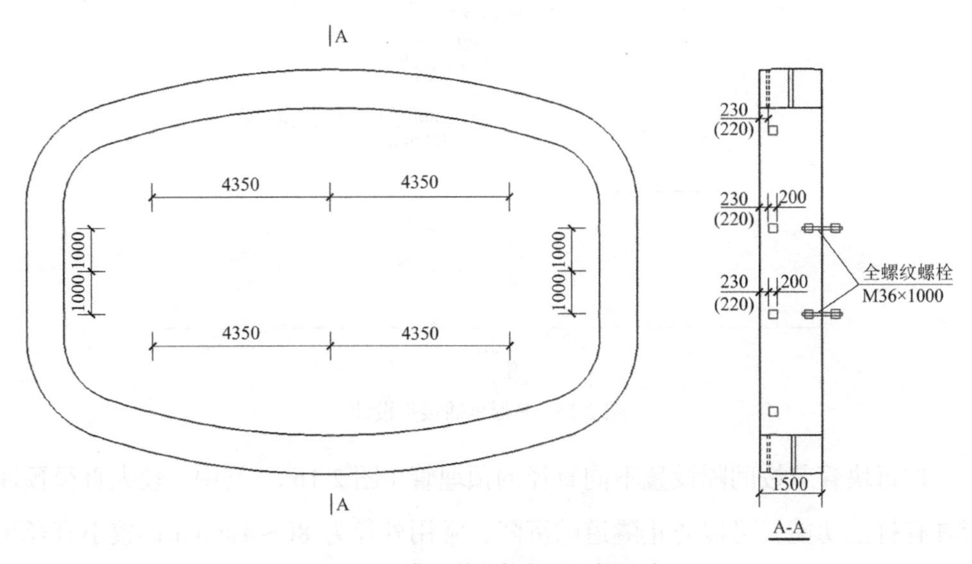

图 2-17　典型管节拉紧预埋件设计

2. 吊装点预埋件设计

由于大断面管节质量往往较大，一般两车道管节约为 80t，三车道管节约为

140t，其吊点将受到较大荷载作用。根据计算，采用预埋一定厚度的钢管、钢板及螺旋筋等，可保证吊点局部安全、可靠，如图 2-18、图 2-19 所示。

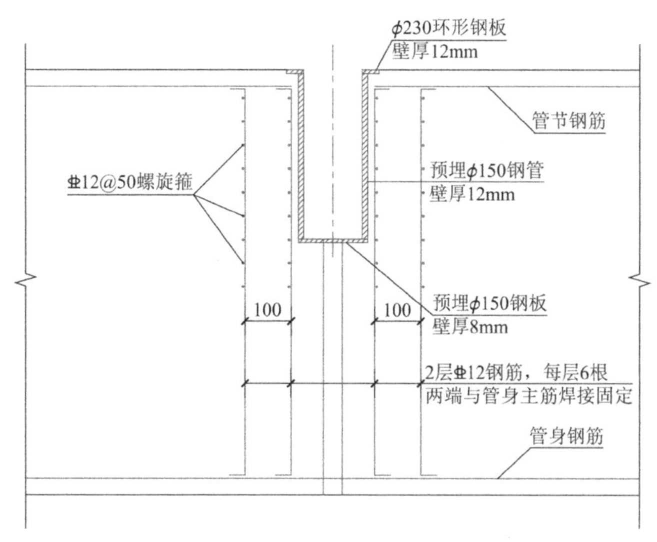

图 2-18　典型吊装点预埋件设计

图 2-19　吊点附加钢筋

3. 注浆管设计

注浆管通常具有减摩泥浆孔和置换浆液孔两种功能。在设计中一般采用两种管节模板，将上述两种管孔进行对调，交叉、均匀分布的注浆孔有利于泥浆的润滑作用。

以图 2-20 为例，矩形顶管管节分为 A 型和 B 型两种，主要区别在于预埋注浆管的位置不同，其中 A 型管节每节设置 18 根 DN38 减摩注浆管、16 根 DN80

泥土注入管，B 型管节每节设置 16 根 DN38 减摩注浆管、18 根 DN80 泥土注入管。A 型管节与 B 型管节顶底板泥土注入管和减摩注浆孔交替布置。顶进施工时，A 型管节为第一管节，A 型管节与 B 型管节交替排列施工。

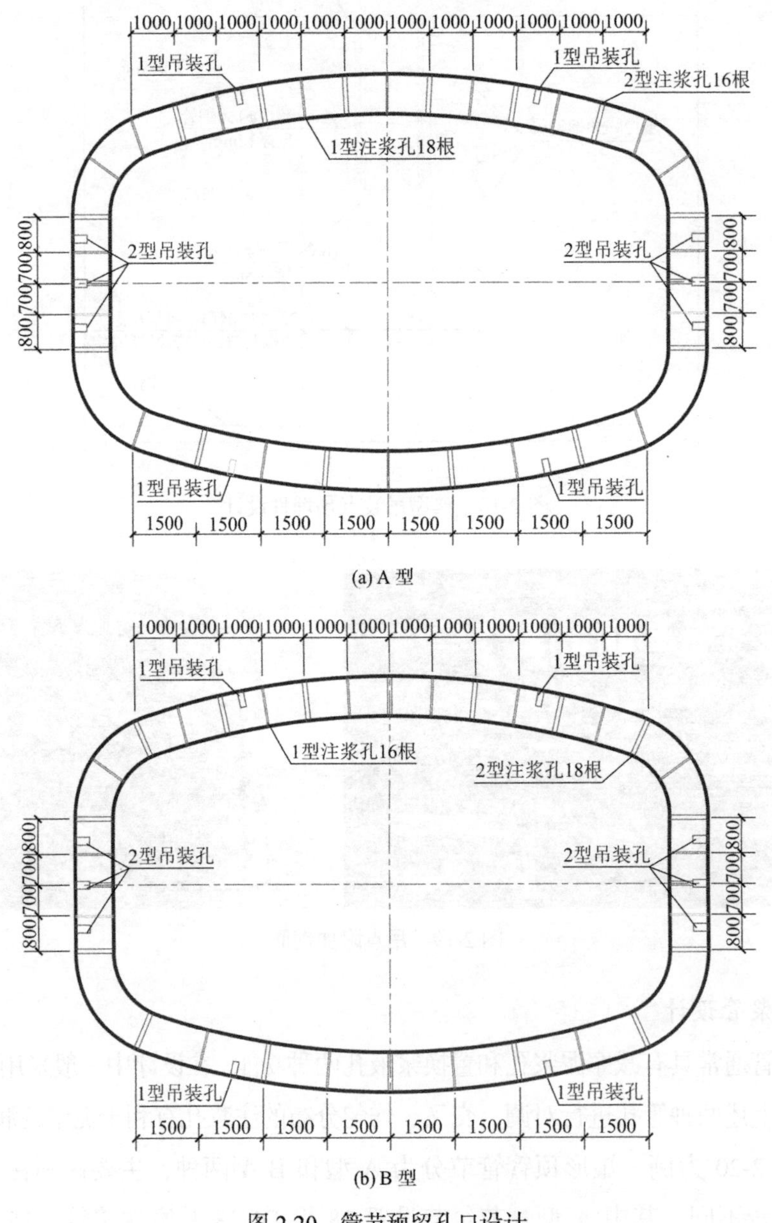

图 2-20　管节预留孔口设计

2.5　本章小结

本章主要对矩形顶管隧道断面、工作井、顶推系统及结构受力进行详细介绍，并对预制拼装管节设计进行介绍，主要结论如下：

（1）大断面矩形顶管管节顶部应适当起拱，拱形的顶部更有利于减摩泥浆套的形成与扩散。在综合考虑矢跨比和顶部荷载等因素的基础上，确定起拱高度。根据衬砌受力，确定合理的管节厚度，有利于大断面矩形顶管隧道的推广与应用。

（2）大断面矩形顶管管节可采用荷载-结构法进行受力分析，由于管节尺寸和自重较大，设计计算应综合考虑吊装工况、施工工况和永久工况等不利工况，加强吊点和吊装受力分析。

（3）当施工场地狭小受限，无法进行整体运输时，可采用预制拼装管节形式，并采用 UHPC 湿接缝方式对接头进行设计。

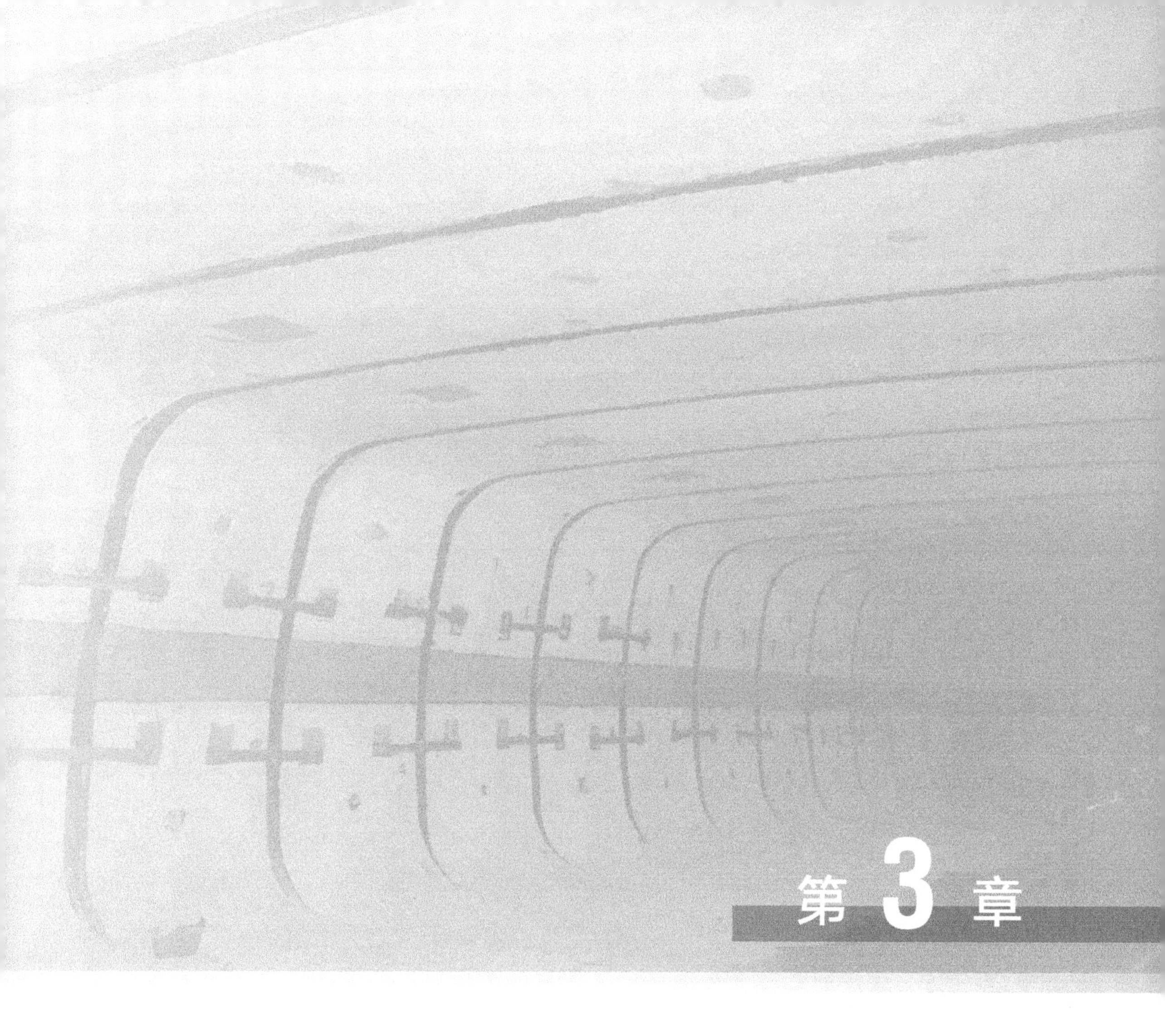

第 3 章

矩形顶管隧道预制拼装式管节设计

3.1　研究背景

伴随着中国城市化的推进及城市建设步伐的加快，人口不断涌向城市，城市的车辆保有量也随之持续增加，可以通过建设更多的地下通道来缓解或解决城市居民的“过街难”、道路交叉口交通拥挤等问题。

在中心城区进行地下通道的开发建设具有以下突出特点：

（1）地下管线分布庞杂。中心城区经历多期改造改建后，通信、燃气、雨水、电信、电力、自来水及污水等管线不但数量繁多，而且分布相当复杂，施工作业受到极大限制。

（2）建筑物分布密集。中心城区的既有建筑物分布比较密集，留给施工作业的空间相对狭小，对施工部署的制约因素较多。

（3）地面交通流量高。中心城区的既有道路尤其是主干道路，交通流量很高。进行地下工程施工容易造成关键节点拥堵，高峰时段引发大面积交通拥堵甚至瘫痪的概率增大。这与广大市民的出行息息相关，社会影响重大，严重地制约着地下通道工程的建设和组织。

（4）地下穿越节点复杂。在中心城区进行地下空间开发时，不可避免地要穿越既有地下结构，诸如高架桥的桩基、地铁等，这伴随着巨大的施工风险。

矩形顶管法是地下工程非开挖施工方法中的一种，能够应对交通繁忙、人口密集、地面建筑物众多、地下构筑物和管线复杂等复杂条件，是建设城市中心地区地下通道的最佳工法之一。

受限于城市中心区域市政道路宽度及交通压力，若采用传统整体预制管节，其宽度和高度均较大，两车道矩形顶管管节尺寸一般在 10m × 7m 左右，管节整体运输时势必遇到各种协调困难，研究预制拼装式管节可减少运输压力，使得在城市中心区域采用矩形顶管非开挖工艺能够得以顺利应用。

3.2 技术方案研究

3.2.1 预制拼装式管节选型

矩形顶管法隧道管节从始发井向接收井顶进。隧道掘进机安装在管节的前端，由液压油缸推进。推进油缸达到行程极限后回缩，下一段管节被吊入始发井，完成安装并被向前顶进。该过程循环往复，直至管节到达接收井。根据材质种类，管节可以分为钢筋混凝土、钢、球墨铸铁及钢-混凝土复合管节等。部分管节的特点如下。

（1）钢筋混凝土管节

钢筋混凝土是制造顶管管节的常用材料，一般容易满足各种静力受力要求。钢筋混凝土管节的耐腐蚀性能比钢管节好，在施工期间可承受较大顶力。同时，混凝土具有一定的强度和良好的抗渗性能，使用期间可承受水土压力，满足使用要求。钢筋混凝土管节相对其他管节造价低。

（2）钢管节

钢管节在需要承受内水压的隧道中应用比较普遍，如果焊接质量好，就不会存在接头漏水问题。但是整根钢管纵向刚度大，顶进纠偏施工技术要求高。另外，钢管节焊接工作量大，费工费时，且造价较高。

（3）钢-混凝土复合管节

钢-混凝土结构复合管节采用钢结构和钢筋混凝土结构进行组合，一般施工阶段采用钢管节，隧道贯通后通过内部浇筑钢筋混凝土形成复合管节，可以增强管节防水性能和整体刚性。但其工艺复杂，对施工阶段钢结构要求较高，内衬施工在现场狭小空间中实施，技术难度大，造价高。

3.2.2 预制拼装式管节分块

以整体管节宽度 10.06m、高 5.2m、长 1.5m 的预制拼装式管节为例，单节管节重量为 70t。由于其尺寸过大，重量较重，在运输、吊装等方面存在较大难度，因此需要通过分块优化矩形顶管的尺寸和重量，同时还需解决接缝的防水、传力等问题。为合理确定装配式矩形顶管的分块，分块的方案应当满足以下要求：

（1）管节分块的运输要求：在公路条件下运输时，根据《公路路线设计规范》JTG D20—2017 中的相关规定，高速、一级、二级公路的净空要求为 5.0m，三、四级公路为 4.5m。目前低平板车离地高度一般为 0.6～0.8m，因此管节运输高度不宜大于 4m。对于高速、一级、二级公路，其车道宽度一般为 3.75m，三、四级公路车道宽度一般为 3.0～3.5m，考虑到三、四级公路标准较低，在运输时可考虑采取临时措施，因此管节的运输宽度宜不大于 3.5m。当市政道路条件下运输时，根据《城市道路工程设计规范》CJJ 37—2012（2016 年版），通行机动车的最小净高为 4.5m，考虑 0.5m 的竖向安全行驶距离，剩余的管节运输高度也不宜大于 4m。大型车和混行车道宽度为 3.5～3.75m，因此管节的运输宽度同样宜不大于 3.5m。综上，管节分块的高度应不大于 4m，宽度应不大于 3.5m。

（2）管节分块的吊装要求：管节单块重量应满足机械的吊装要求，考虑到目前国内成熟起重设备的起重吨位已经达到 500t，因此一般情况下管节分块均能满足吊装要求。

（3）模具制作要求：管节的分块应尽量标准、对称，减少钢模具的种类和数量，从而降低模具费用并有利于管节生产的标准化，提高生产效率。

（4）矩形顶管的防水要求：由于大断面矩形顶管为一般用于地下人行通道、地下车行通道等地下构筑物，其防水要求较高，而接头位置的防水性能均弱于整体现浇结构，因此应尽量减少分块和接头数量。

（5）矩形顶管的受力要求：接头应设在管节内力较小处，降低对接头传力的要求，简化接头构造，降低管节造价。进一步从受力角度考虑，接头是结构受力的薄弱环节，一般来说，能够承受轴力和剪力的接头比较容易设置，而能够承受较大弯矩的接头设置较为困难，代价也较大。因此从受力角度来说，接头宜设在弯矩较小处。

在综合考虑接头数量、拼装难易程度的基础上，选用上下二分式管节方案。

3.2.3 预制拼装式管节接头方案

在湿接头区域采用 UHPC 进行浇筑，如图 3-1 所示。UHPC 的材料性能如表 3-1 所示。

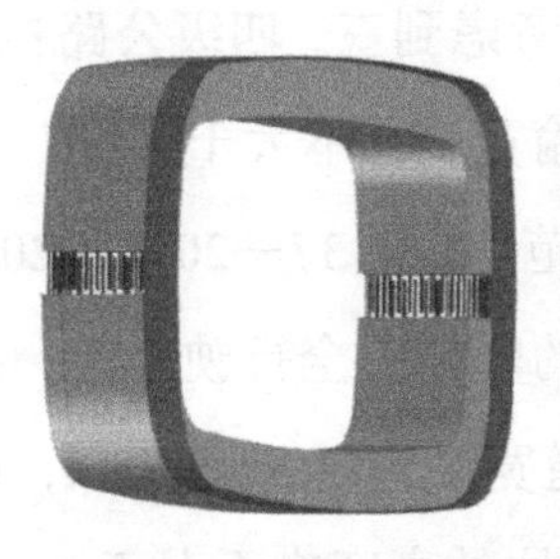

图 3-1　拱腰湿接头与采用的 UHPC

UHPC 材料性能表　　表 3-1

材料性能（28d 标准养护）	指标
抗压强度/MPa	≥180（UHPC1）
	≥130（UHPC2）
抗拉强度/MPa	≥11
弹性段抗拉强度/MPa	≥8
极限抗拉强度/MPa	≥9

续表

材料性能（28d 标准养护）	指标
极限抗拉强度/弹性段抗拉强度	≥ 1.1
极限拉伸应变/%	≥ 0.2
抗弯拉强度/MPa	≥ 25
弹性模量/GPa	45～55
初始坍落扩展度/mm	≥ 700
1h 坍落扩展度/mm	≥ 650

以往的模型试验（图 3-2）表明：在高性能混凝土抗拉试验中，相比于普通混凝土 30 *D*（钢筋直径）的锚固长度，高性能混凝土的锚固长度为(3～4)*D*，即可保证钢筋拉拔时发生钢筋屈服而非拔出破坏，设计时建议取锚固长度为 10 *D*。矩形顶管上下二分的接缝可利用该材料特性，采用较小的湿接缝长度，在保证接头受力的基础上，减少现场浇筑量。

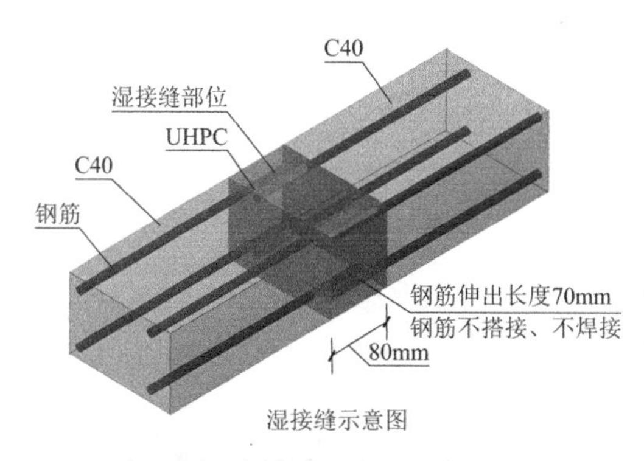

湿接缝示意图

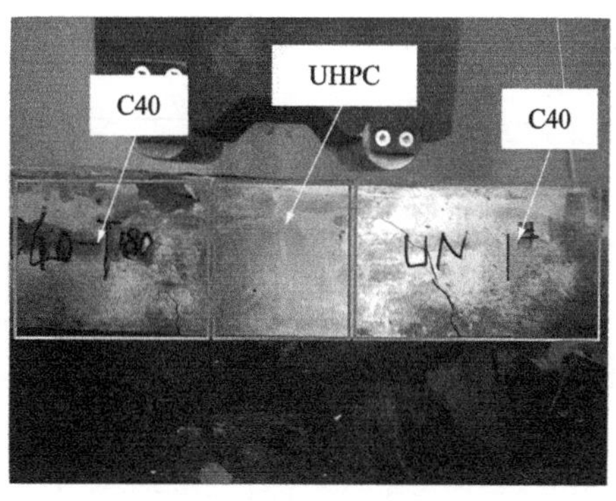

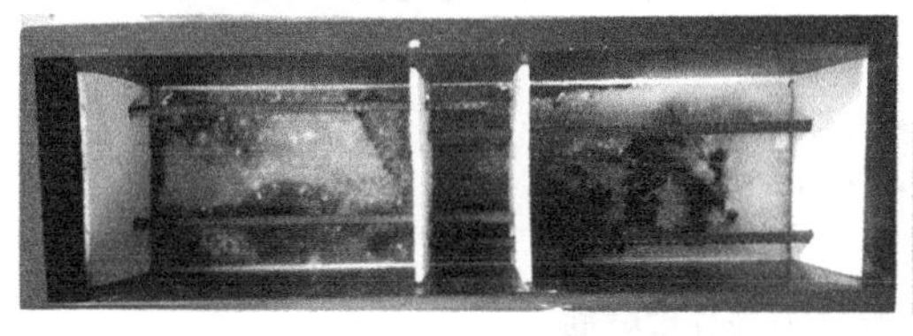

模具内钢筋布置情况

试验结果：
●破坏发生在C40基体
●UHPC与C40间的界面没有发生破坏

图 3-2　上海市政总院开展的高强度混凝土锚固试验

3.3 试验研究

3.3.1 研究目的

为了验证矩形顶管隧道管节二分法接缝构造的合理性以及 UHPC 浇筑 3d 后接缝的传力性能，有必要开展接缝结构性能足尺模型试验和界面抗渗试验。

3.3.2 高性能混凝土连接接头承载力试验

1. 试验工况及计算模型

矩形顶管隧道尺寸为 10.06m × 5.26m，最大覆土厚度 H 为 5.5m，地下水位 $H_0 = -1.0$m，采用 Autodesk Robot Structural Analysis Professional 2014 进行计算，力学分析模型如图 3-3 所示。

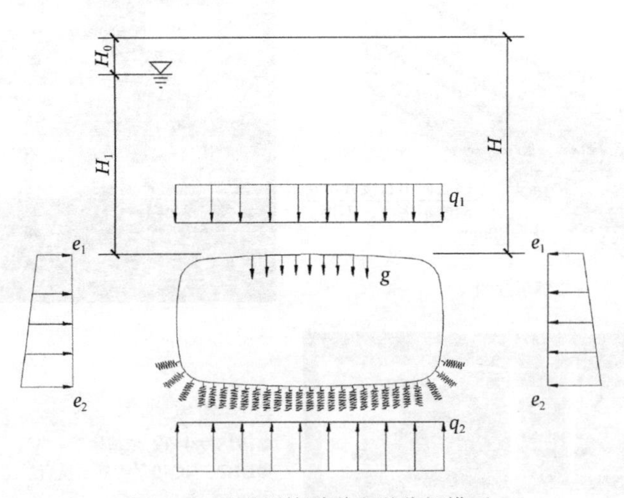

图 3-3 矩形顶管隧道力学分析模型

采用水土分算和水土合算，侧压力系数分别取为 0.5 和 0.8。地面超载按 20kPa

计，吊顶荷载按 1.5kPa、隧道顶部满布计算。四种工况下内力统计如表 3-2 所示。选取工况 1 的轴力和弯矩按压弯构件进行设计。

不同工况内力统计表　　表 3-2

工况	工况描述	位置	轴力极值/kN	弯矩极值/（kN·m）	备注
1	水土合算，侧压力系数 0.5	拱腰	1056	976	选取最不利工况进行接头力学试验研究
2	水土合算，侧压力系数 0.8	拱腰	1090	875	
3	水土分算，侧压力系数 0.5	拱腰	1078	898	
4	水土分算，侧压力系数 0.8	拱腰	1107	864	

2. 试验设计

（1）试件设计

本系列试验试件宽 1.5m（不包括钢板）、厚 0.7m、长 3.0m，其中 UHPC 节点区长 0.5m。除 UHPC 节点区外，其余区域混凝土为普通混凝土，混凝土强度等级为 C50。试件所有钢筋等级均为 HRB400，其中上顶面（受压区）钢筋直径 25mm，下底面（受拉区）钢筋直径 32mm。

试件采用了 A、B 两种 UHPC 材料，其分别来自不同的材料供应商。每种材料共有 2 个试件，共 4 个试件，同组试件的区别仅为试验时间不同，编号分别为 UC-A1、UC-A2、UC-B1、UC-B2。接缝设计和试件形式见图 3-4、图 3-5，试件参数见表 3-3。

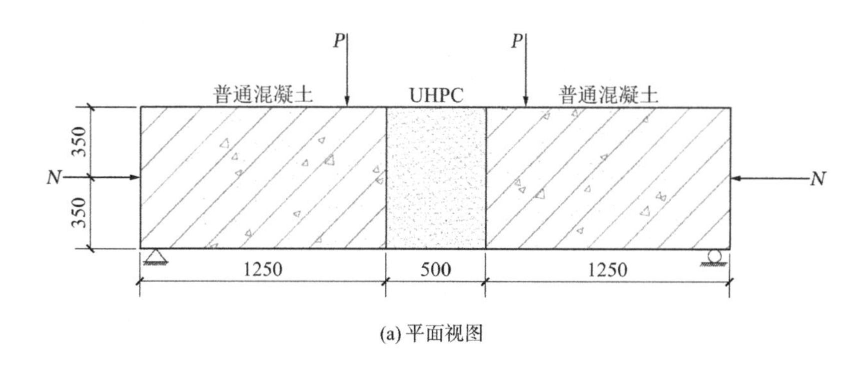

(a) 平面视图

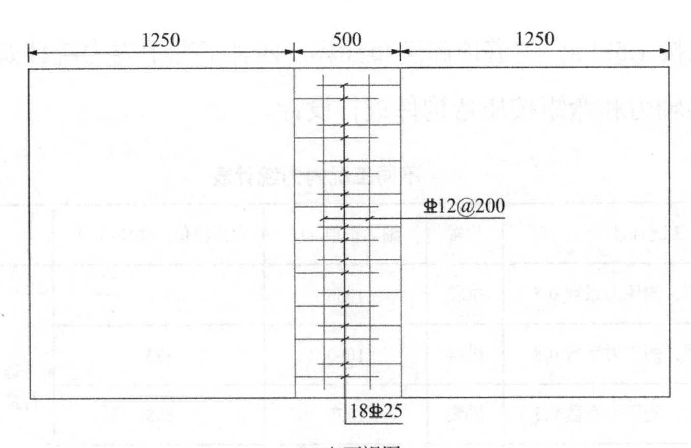

(b) 立面视图

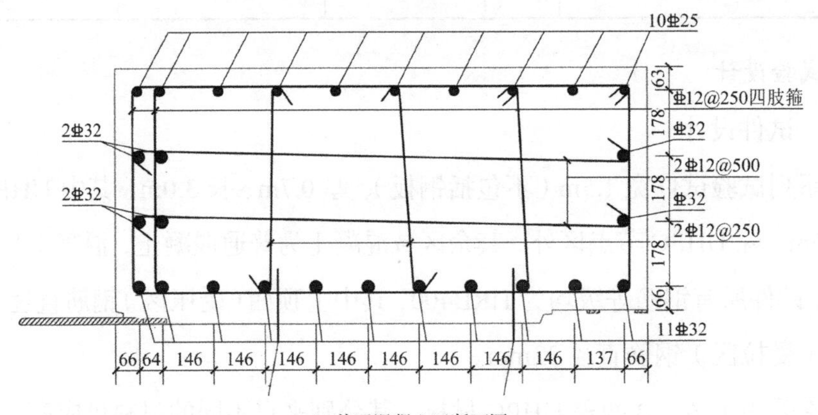

(c) 普通混凝土区断面图

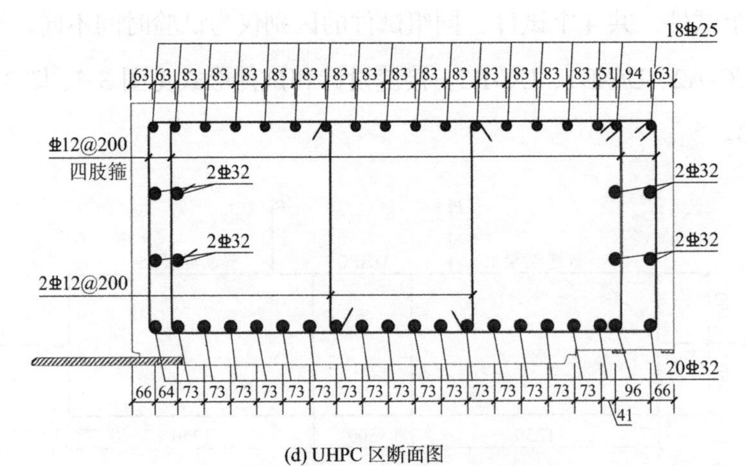

(d) UHPC 区断面图

图 3-4 矩形顶管管节接缝设计图

图 3-5　湿接缝内钢筋搭接形式

试件参数　　**表 3-3**

试件编号	UHPC 材料	试验时间
UC-A1	TENACAL T180	UHPC 浇筑完第 3 天
UC-A2	TENACAL T180	UHPC 浇筑完 7d 后
UC-B1	SBT-UDC（Ⅱ）	UHPC 浇筑完 7d 后
UC-B2	SBT-UDC（Ⅱ）	UHPC 浇筑完 7d 后

（2）试验加载装置

试验加载布置形式如图 3-6 所示。设置水平千斤顶用于施加轴压力，竖向千斤顶通过分配梁使试件中部 900mm 长度范围内产生均布弯矩作用。加载部件均通过圆钢棒或自带球铰等与试件相接触，以实现理想的铰接连接，保证所施加的荷载可产生设定的内力状态。

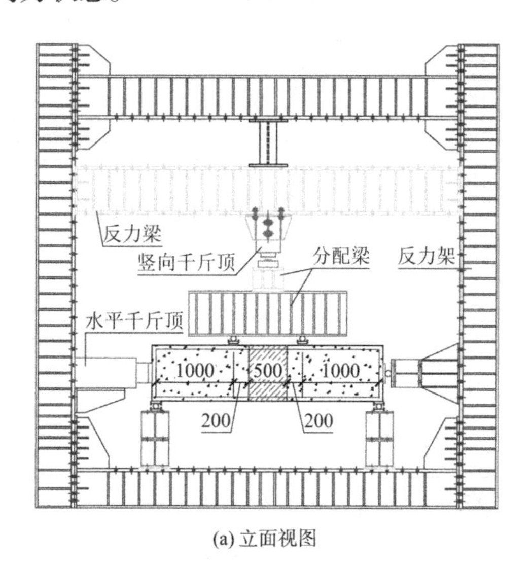

(a) 立面视图

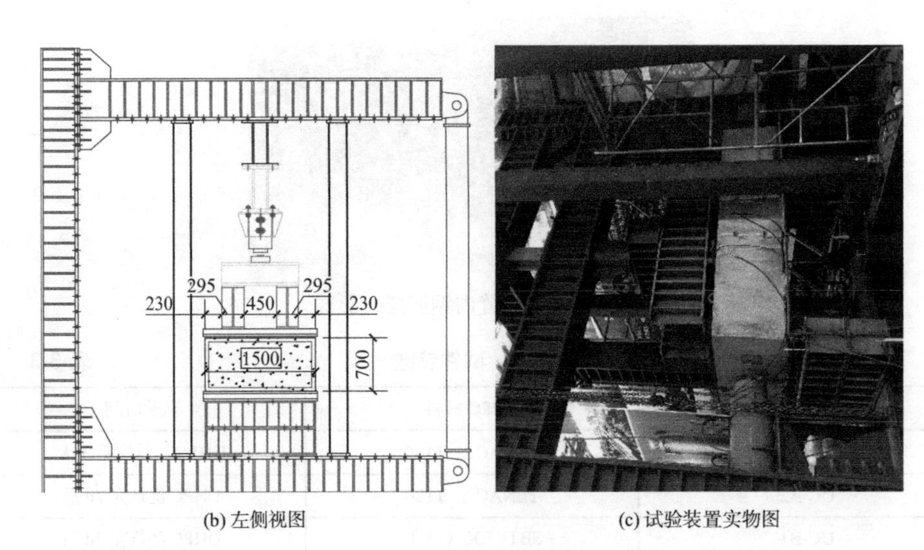

(b) 左侧视图

(c) 试验装置实物图

图 3-6 试验加载装置图

（3）试验加载步序

先用水平千斤顶分级完成 1700kN 轴压力的施加，再进行竖向千斤顶荷载的施加，根据 1500kN · m 的弯矩要求，竖向千斤顶需加载至 300t。具体加载制度如表 3-4 所示。

加载制度 **表 3-4**

加载工况	加载级别	施加荷载/t	对应内力状态/（N、kN · m）
水平千斤顶加载	H1	25	$N = 250$，$M = 0$
	H2	50	$N = 500$，$M = 0$
	H3	75	$N = 750$，$M = 0$
	H4	100	$N = 1000$，$M = 0$
	H5	125	$N = 1250$，$M = 0$
	H6	150	$N = 1500$，$M = 0$
	H7	170	$N = 1700$，$M = 0$
竖向千斤顶加载	V1	25	$N = 1700$，$M = 125$
	V2	50	$N = 1700$，$M = 250$
	V3	75	$N = 1700$，$M = 375$
	V4	100	$N = 1700$，$M = 500$
	V5	125	$N = 1700$，$M = 625$
	V6	150	$N = 1700$，$M = 750$

续表

加载工况	加载级别	施加荷载/t	对应内力状态/（N、kN · m）
竖向千斤顶加载	V7	175	$N=1700$，$M=875$
	V8	200	$N=1700$，$M=1000$
	V9	225	$N=1700$，$M=1125$
	V10	250	$N=1700$，$M=1250$
	V11	275	$N=1700$，$M=1375$
	V12	300	$N=1700$，$M=1500$

3. 试验监测方案

本试验测试方案包括：（1）施加荷载监测；（2）钢筋和混凝土应变监测；（3）整体位移与变形监测。

（1）施加荷载监测

对于试件 UC-A1 和 UC-A2，水平千斤顶和竖向千斤顶施加的荷载都仅通过油压反算确定；试件 UC-B1 和 UC-B2 的水平千斤顶仍通过油压反算确定，但竖向千斤顶通过压力传感器直接测定。

（2）钢筋和混凝土应变监测

在试件中心线两侧各 450mm 的位置，于纵向钢筋上布置单向应变片，编号为 S01～S26，以监测加载全过程钢筋应变的变化情况，具体布置形式见图 3-7。

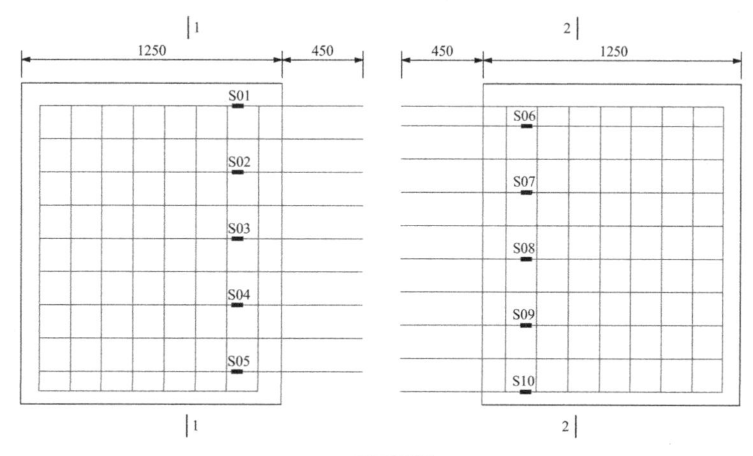

(a) 平面视图

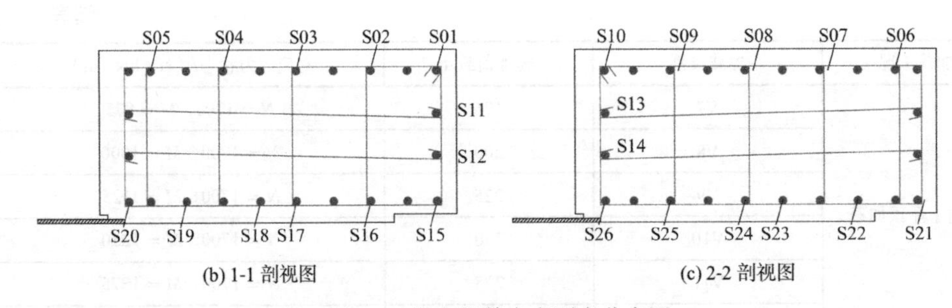

(b) 1-1 剖视图　(c) 2-2 剖视图

图 3-7　纵向钢筋应变测点分布图

在普通混凝土表面、UHPC 表面、普通混凝土和 UHPC 交界面均布置了单向应变片（应变片长度 5cm），编号 C01～C30，以监测加载全过程混凝土应变变化和开裂等情况，具体布置形式见图 3-8。测点 C29 和 C30 仅在试件 UC-B2 中设置。

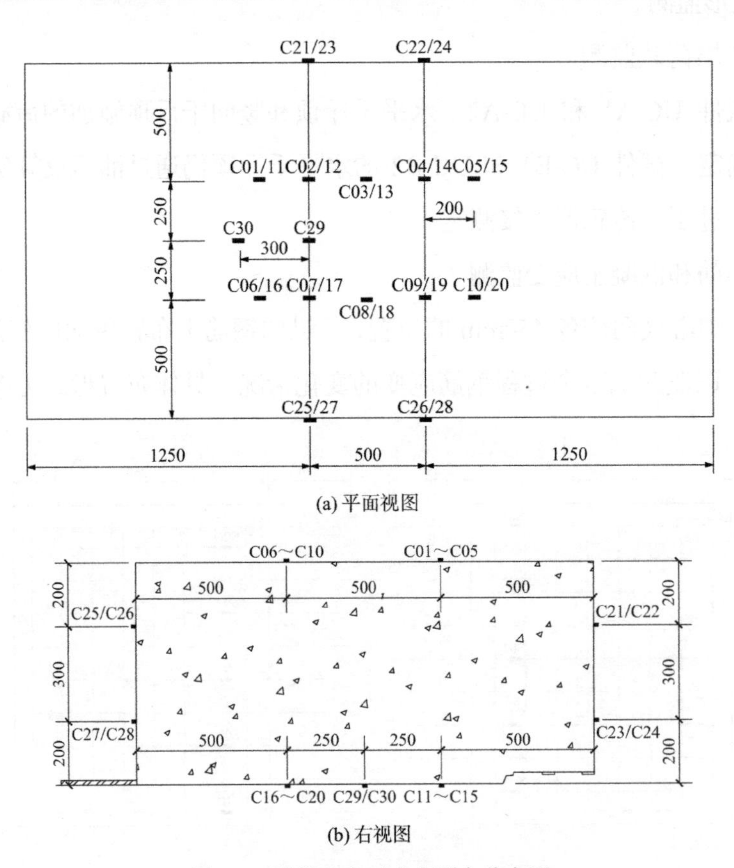

(a) 平面视图

(b) 右视图

图 3-8　混凝土表面应变测点分布图

（3）整体位移与变形监测

每个试件均布置 8 个位移计，编号为 D1～D8，以监测试件的竖向位移，具体布置形式如图 3-9 所示。

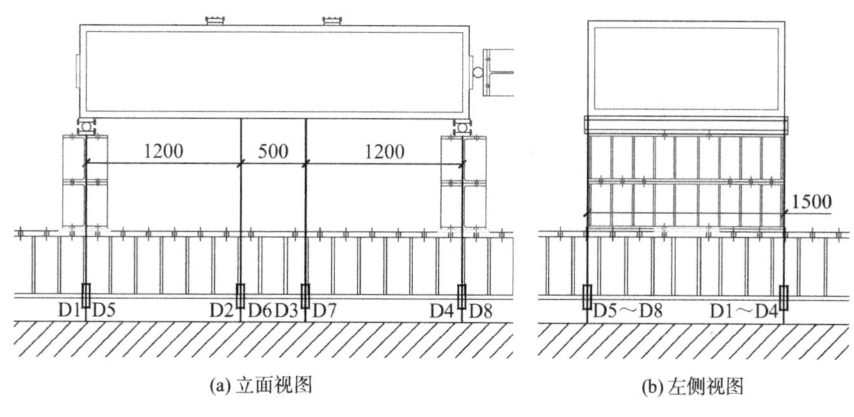

(a) 立面视图　　(b) 左侧视图

图 3-9　位移测点分布图

4. 试验结果

（1）试件 UC-A1

试验加载阶段，因加载设备问题，水平加载完毕后竖向千斤顶仅加载至 189t 即停止加载。试验过程存在普通混凝土及普通混凝土和 UHPC 交界面开裂情况，未见其余明显现象。试件 UC-A1 钢筋与混凝土应变试验结果见图 3-10、图 3-11。

根据图 3-10（a），顶面受压区钢筋中部区域应变略大于侧边区域应变，且随着竖向荷载增加，其不均匀程度缓慢增大。在竖向荷载小于 200t 时，可按全宽度均匀受力进行考虑。

根据图 3-10（b），随着竖向荷载增大，测点 S14 处钢筋由受压逐步转为受拉状态，中和轴相应随之上移，测点 S13 处钢筋则始终处于受压状态；竖向荷载加载至 189t 时，其中和轴约处在截面水平对称轴位置。

根据图 3-10（c）、（d），底面受拉区钢筋应变在竖向荷载加载至 125t 之前分布均较为均匀，其后可能受混凝土随机开裂的影响，部分钢筋应变发展较快。所有受拉区钢筋测点均未进入屈服（屈服应变约 2000με）。

根据图 3-10（e）、（f），测点 S16、S18、S21～S24 的荷载-应变曲线均表现出明显的双折线模式，转折点基本都出现在竖向荷载 100t 处，因此预估在此受力状态下普通混凝土开裂。

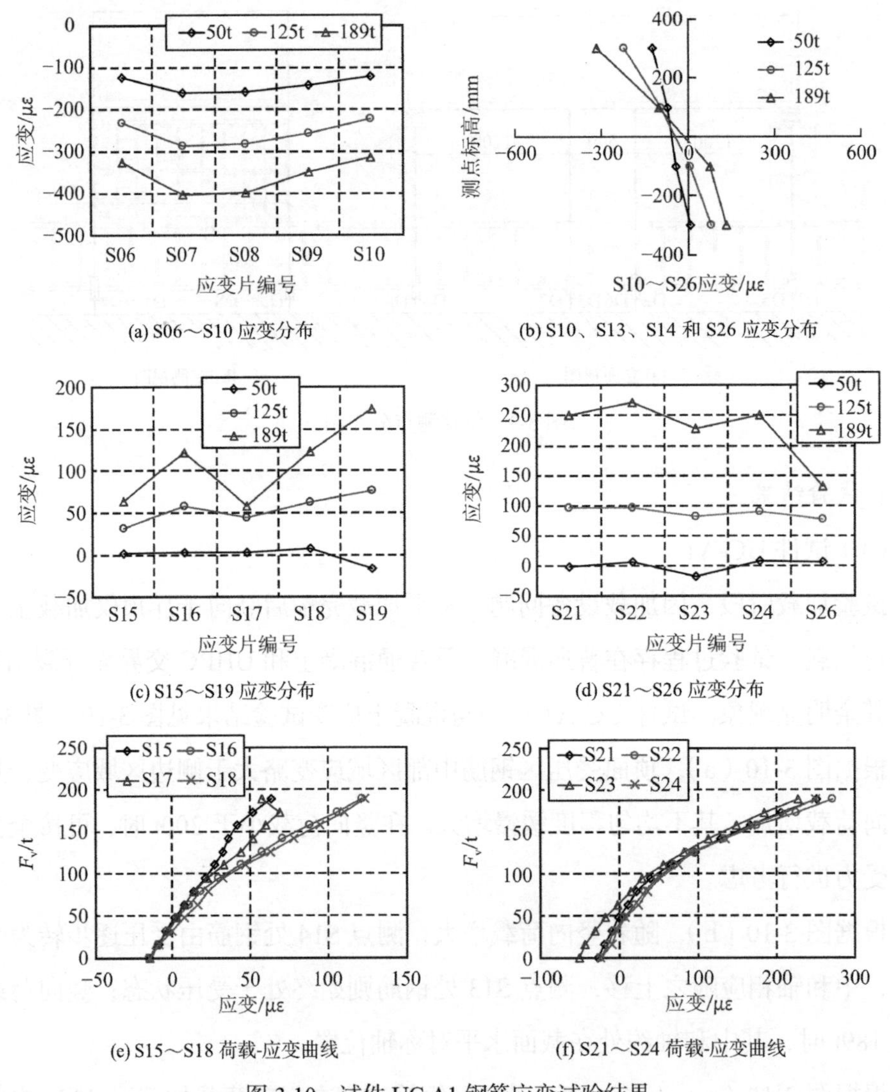

(a) S06～S10 应变分布

(b) S10、S13、S14 和 S26 应变分布

(c) S15～S19 应变分布

(d) S21～S26 应变分布

(e) S15～S18 荷载-应变曲线

(f) S21～S24 荷载-应变曲线

图 3-10　试件 UC-A1 钢筋应变试验结果

根据图 3-11（a），UHPC 和普通混凝土的交界面侧面测点，均在 100t 竖向荷载时发生转折，且 C23 测点在 173t 竖向荷载时表现出显著的滑移现象，说明此时

该测点处 UHPC 与普通混凝土交界面开裂。

根据图 3-11（b），顶面受压区混凝土各测点表现出一定的差异性，其中 UHPC 上测点 C08 的斜率最大（即刚度最大），普通混凝土上测点 C06 和 C10 斜率居中，交界面上的测点 C07 斜率最小，说明 UHPC 材料的弹性模量大于普通混凝土材料的弹性模量，而交界面区域存在微小间隙，使该处受压刚度减弱。根据荷载-位移曲线的线性拟合结果，可得 UHPC 材料弹性模量约为 C50 普通混凝土弹性模量的 1.5 倍，交界面区（交界面两侧各 25mm 宽度区域）均一化等效弹性模量约为 C50 普通混凝土弹性模量的 0.3 倍。

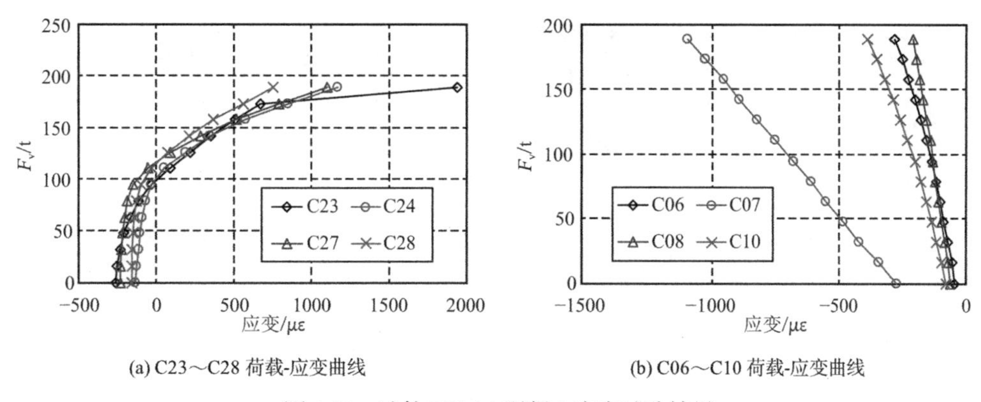

(a) C23～C28 荷载-应变曲线　　(b) C06～C10 荷载-应变曲线

图 3-11　试件 UC-A1 混凝土应变试验结果

（2）试件 UC-A2

试件 UC-A2 的试验现象见图 3-12。随着竖向荷载的增加，UHPC 和普通混凝土交界面底面首先出现可见裂缝，并沿交界面逐步向上扩展，其后距交界面 300mm 左右处的普通混凝土底面出现可见裂缝，并逐步向上扩展。最终，竖向荷载加载至 300t 时，交界面处的裂缝十分显著，沿交界面水平贯通，裂缝宽度 0.5～1.0mm；普通混凝土底面两端可见裂缝各 1 条，水平贯通，普通混凝土侧面可见裂缝 1～2 条，裂缝宽度较交界面处的裂缝宽度小；UHPC 节点域本体未见裂缝，上部受压区混凝土无压碎情况。试件 UC-A2 钢筋与混凝土应变试验结果见图 3-13、图 3-14。

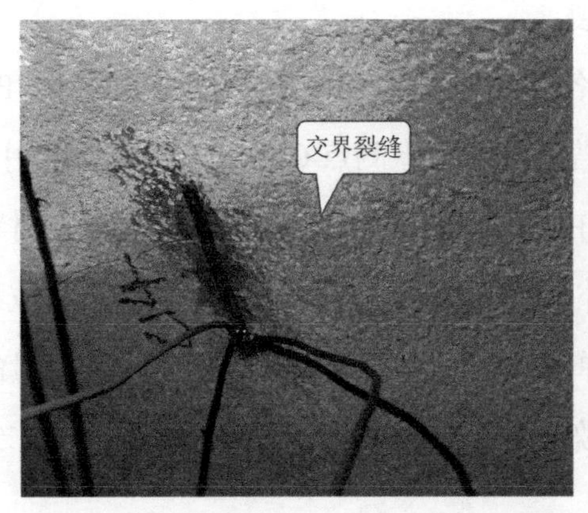

(a) 交界面底部开裂情况

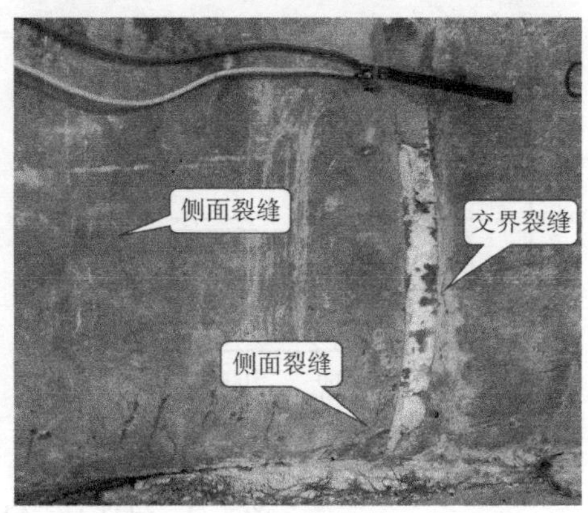

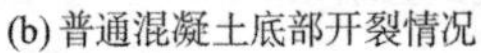
(b) 普通混凝土底部开裂情况

(c) 侧面开裂情况

图 3-12　试件 UC-A2 试验现象

根据图 3-13（a），顶面受压区钢筋中部区域应变大于两侧边区域，且竖向荷载越大，其不均匀程度越大，说明弹性阶段试件各纵向钢筋存在受力不均匀的情况。

根据图 3-13（b），随着竖向荷载的增大，测点 S12 处的钢筋由受压状态逐步转为受拉状态，中和轴也相应在随之上移，但测点 S11 处的钢筋始终处于受压状态；竖向荷载加载至 300t 时，中和轴在截面水平对称轴上方约 70mm 处。

根据图 3-13（c），除测点 S07 外，其余受拉钢筋测点应变相近；随着荷载增加，测点 S07 处的应变发展迅速，不均匀性更趋显著。所有受拉区钢筋测点均未进入屈服（屈服应变约 2000με）。

根据图 3-13（d）、（e），测点的荷载-应变曲线均表现出较为明显的双折线模式，转折点基本都出现在竖向荷载 100t 处。

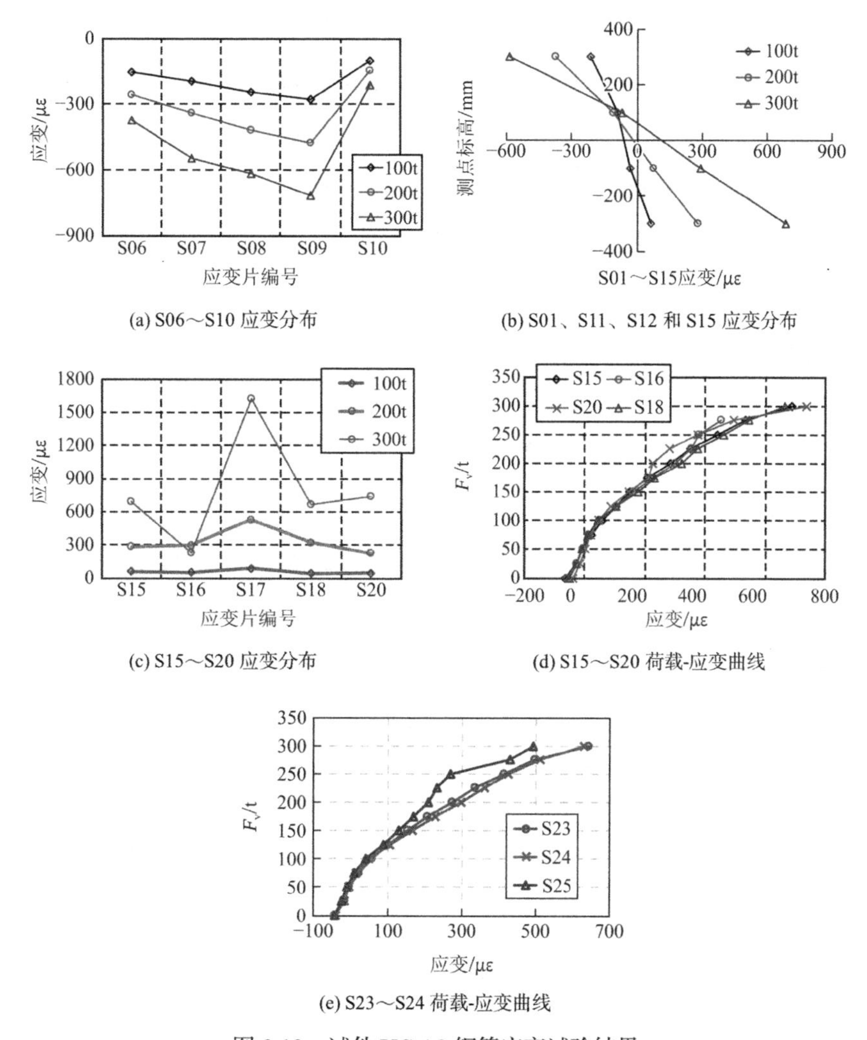

(a) S06～S10 应变分布

(b) S01、S11、S12 和 S15 应变分布

(c) S15～S20 应变分布

(d) S15～S20 荷载-应变曲线

(e) S23～S24 荷载-应变曲线

图 3-13　试件 UC-A2 钢筋应变试验结果

根据图 3-14（a），UHPC 和普通混凝土的交界面底面测点 C14 位置，随着竖向荷载的增大，其应变呈非线性增加，在加载至 75t 时，该处平均应变已达到 350με，加载至约 125t 时该处发生显著的滑移，出现可见裂缝。UHPC 和普通混凝

土的交界面侧面测点，均在175t竖向荷载时表现出显著的滑移现象，说明此时该测点处UHPC与普通混凝土交界面开裂。

根据图3-14（b），同试件UC-A1现象一致，试件UC-A2顶面受压区混凝土各测点表现出一定的差异性，其中UHPC上测点C08的斜率最大（即刚度最大），普通混凝土上测点C06和C10斜率居中，交界面上的测点C07斜率最小。根据本试件荷载-位移曲线的线性拟合结果，UHPC材料弹性模量约为C50普通混凝土弹性模量的1.35倍，交界面区（交界面两侧各25mm宽度区域）均一化等效弹性模量约为C50普通混凝土弹性模量的0.5倍。

根据图3-14（c），UHPC上测点C13处监测到开裂情况。

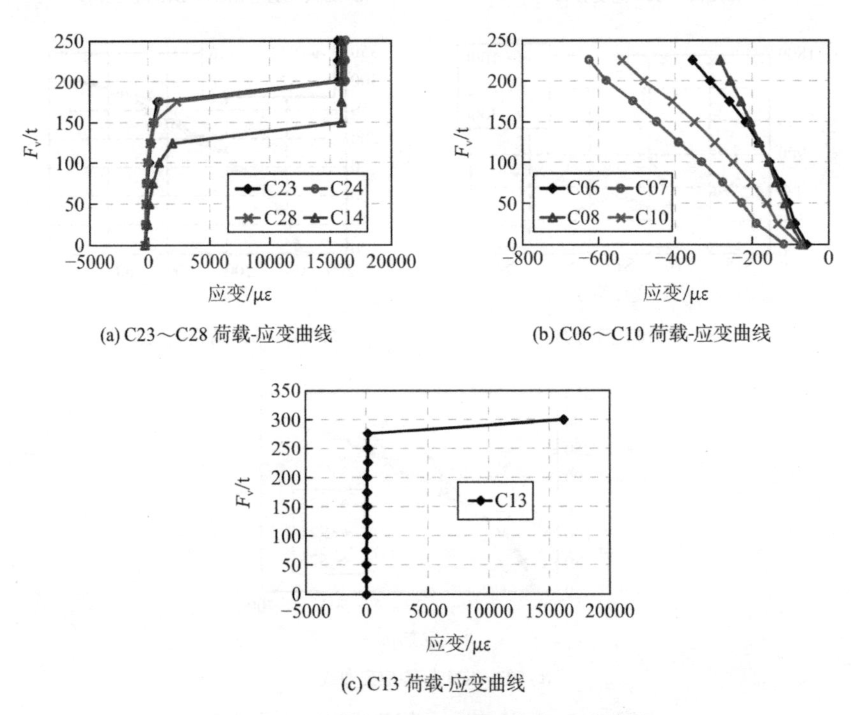

(a) C23～C28荷载-应变曲线

(b) C06～C10荷载-应变曲线

(c) C13荷载-应变曲线

图3-14　试件UC-A2混凝土应变试验结果

（3）试件UC-B1

试件UC-B1的试验现象见图3-15。同UC-A2一致，随着竖向荷载的增加，试件UC-B1首先在UHPC和普通混凝土交界面底面出现可见裂缝，并沿交界面逐步向上扩展，其后在距交界面 300mm 左右处的普通混凝土底面出现可见裂缝，并逐步向上扩展。最终，竖向荷载加载至 300t 时，交界面处的裂缝十分显著，沿交界面水平贯通，裂缝宽度 0.5～1.0mm；普通混凝土底面两端可见裂缝各 1 条，水平贯通，普通混凝土侧面可见裂缝 1～2 条，裂缝宽度较交界面处的裂缝宽度小；UHPC 节点域本体未见裂缝，上部受压区混凝土无压碎情况。试件 UC-B1 的钢筋和混凝土应变试验结果见图 3-16、图 3-17。

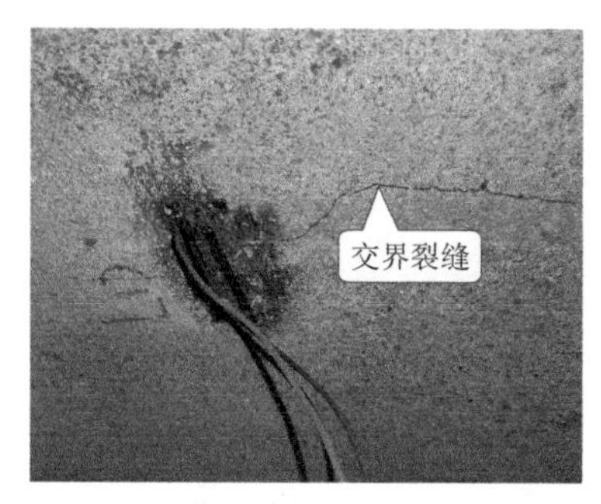

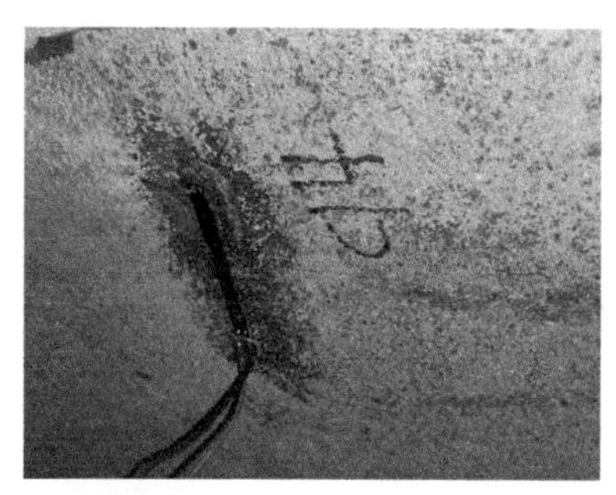

(a) 交界面底部开裂情况

(b) 普通混凝土底部开裂情况

(c) 侧面开裂情况

图 3-15　试件 UC-B1 试验现象

根据图 3-16（a），除 S03 外的其余测点在各荷载工况下的应变分布均较为一致（S03 测点失效），说明本试件可按全宽度均匀受力进行考虑。

根据图 3-16（b），随着竖向荷载的增大，测点 S14 处的钢筋由受压状态逐步转为受拉状态，中和轴也相应在随着往上移动，但测点 S13 处的钢筋始终处于受压状态；竖向荷载加载至 300t 时，中和轴在截面水平对称轴上方约 70mm 处。

根据图 3-16（c）、（d），在竖向荷载不大于 200t 时，底部各受拉钢筋的应变相近，此后存在部分测点应变增长较快而部分测点应变增长较慢的情况。所有测点均未进入屈服（屈服应变约 2000με）。

根据图 3-16（e）、（f），测点荷载-应变曲线均表现出双折线模式，转折点基本出现在 100t 左右的区间，因此预估在此受力状态下普通混凝土开裂。

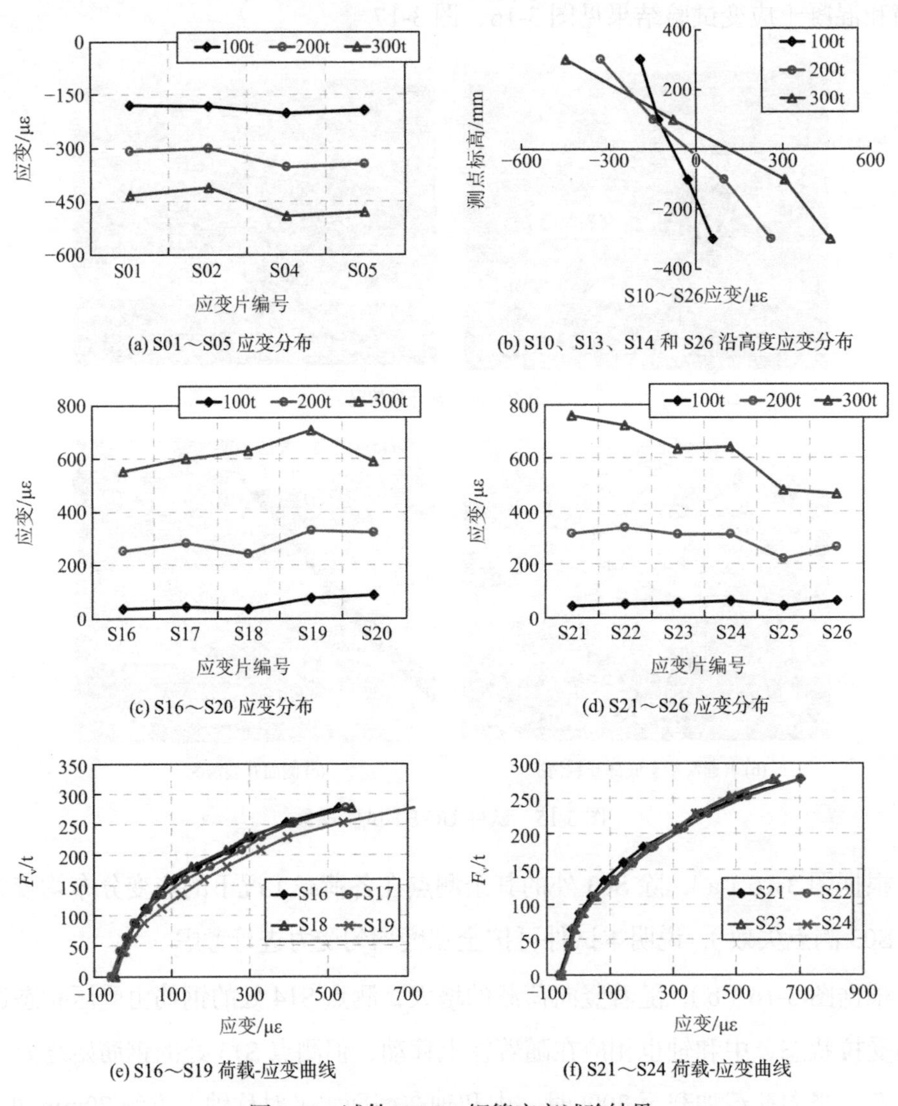

(a) S01～S05 应变分布

(b) S10、S13、S14 和 S26 沿高度应变分布

(c) S16～S20 应变分布

(d) S21～S26 应变分布

(e) S16～S19 荷载-应变曲线

(f) S21～S24 荷载-应变曲线

图 3-16　试件 UC-B1 钢筋应变试验结果

根据图 3-17（a），测点 C14、C17 和 C19 均在竖向荷载达到 87t 后开始发生滑移，测点 C12 在竖向荷载达到 135t 后开始发生滑移，交界面开裂并非同时产生，开裂荷载存在一定的离散性。

根据图 3-17（b），测点 C28 处最先出现滑移现象，对应竖向荷载为 160t；其后测点 C27、C23 和 C24 相继出现滑移现象，交界面侧面开裂亦非同时产生，开裂荷载存在一定的离散性。

根据图 3-17（c），本试件在 UHPC 本体上测点 C13 处监测到应变滑移现象，说明此处 UHPC 存在开裂情况，但试验期间未观测到 UHPC 本体上出现可见的裂缝。

根据图 3-17（d），同试件 UC-A1 现象一致，试件 UC-B1 顶面受压区混凝土各测点表现出一定的差异性。其中 UHPC 上测点 C08 的斜率最大（即刚度最大），普通混凝土上测点 C06 和 C10 斜率居中，交界面上的测点 C07 斜率最小。说明 UHPC 材料弹性模量大于普通混凝土材料弹性模量，而交界面区域存在微小间隙，使该处受压刚度减弱。根据本试件荷载-位移曲线的线性拟合结果，UHPC 材料弹性模量约为 C50 普通混凝土弹性模量的 1.6 倍，交界面区（交界面两侧各 25mm 宽度区域）均一化等效弹性模量约为 C50 普通混凝土弹性模量的 0.6 倍。

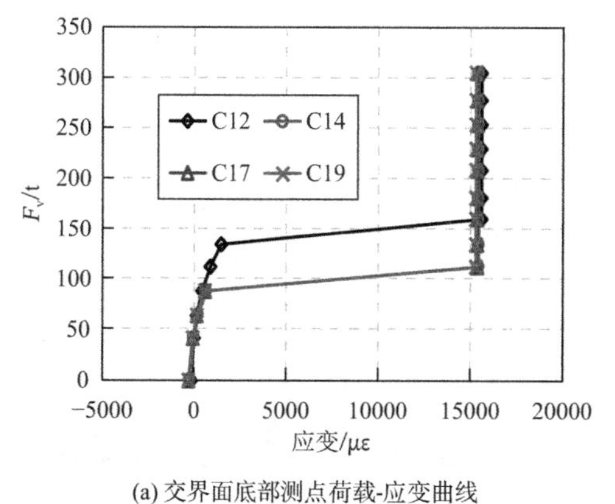

(a) 交界面底部测点荷载-应变曲线

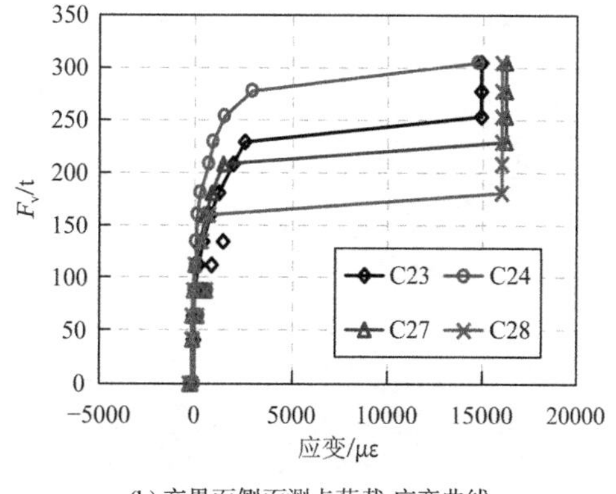

(b) 交界面侧面测点荷载-应变曲线

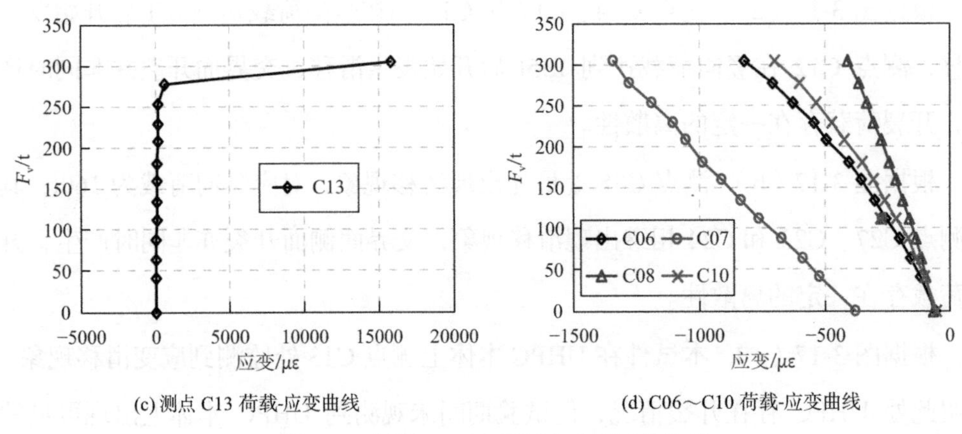

(c) 测点 C13 荷载-应变曲线　　(d) C06～C10 荷载-应变曲线

图 3-17　试件 UC-B1 混凝土应变试验结果

（4）试件 UC-B2

试件 UC-B2 试验现象见图 3-18 当竖向荷载加载至 75t 时，在测点 C14 处观察到了交界面开裂，随着竖向荷载的增加，交界面开裂逐渐扩展。竖向荷载加载至 175t 左右时，在普通混凝土区域观察到细裂缝情况，裂缝长度达 150mm。此后，随着荷载增加，裂缝逐步向上发展。最终，竖向荷载加载至 300t 时，交界面处的裂缝十分明显，沿交界面水平贯通，裂缝宽度 0.5～1.0mm；普通混凝土底面两端可见裂缝各 1 条，水平贯通，普通混凝土侧面可见裂缝 1～2 条，裂缝宽度较交界面处的裂缝宽度小；UHPC 节点域本体未见裂缝，上部受压区混凝土无压碎情况。试件 UC-B2 钢筋和混凝土应变试验结果见图 3-19、图 3-20。

(a) 交界面底部开裂情况

(b) 普通混凝土底部开裂情况

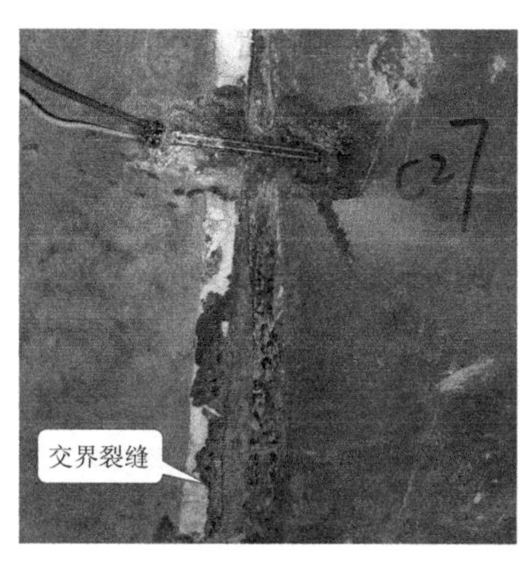

(c) 侧面开裂情况

图 3-18　试件 UC-B2 试验现象

根据图 3-19（a），顶面受压区钢筋中部区域应变大于侧面区域应变，且随着竖向荷载的增加，其不均匀程度缓慢增大，说明弹性阶段试件各纵向钢筋存在受力不均匀的情况。

根据图 3-19（b），随着竖向荷载的增大，测点 S14 处的钢筋由受压状态逐步转为受拉状态，中和轴也相应随之向上移动，但测点 S13 处的钢筋始终处于受压状态；竖向荷载加载至 300t 时，中和轴在截面水平对称轴上方约 70mm 处。

根据图 3-19（c），在竖向荷载不大于 200t 时，底部各受拉钢筋的应变相近，此后 S22 测点应变快速增长而相邻的 S21 测点应变未有增长，且所有测点均未进入屈服（屈服应变约 2000με）。根据图 3-19（d）、（e），测点的荷载-应变曲线均表现为双折线模式，转折点基本出现在 100t 左右区间，因此预估在此受力状态下普通混凝土开裂。

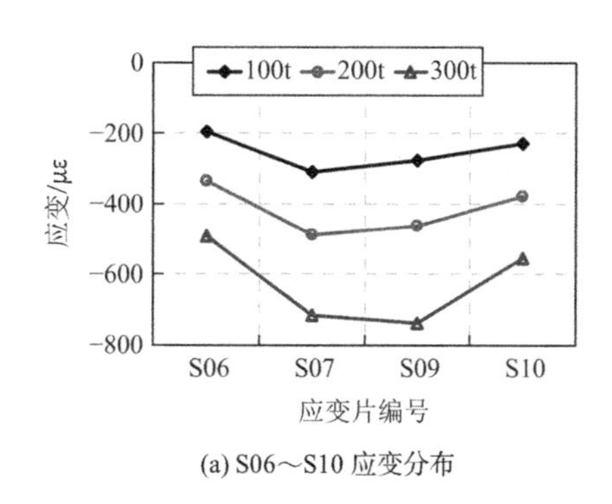

(a) S06～S10 应变分布

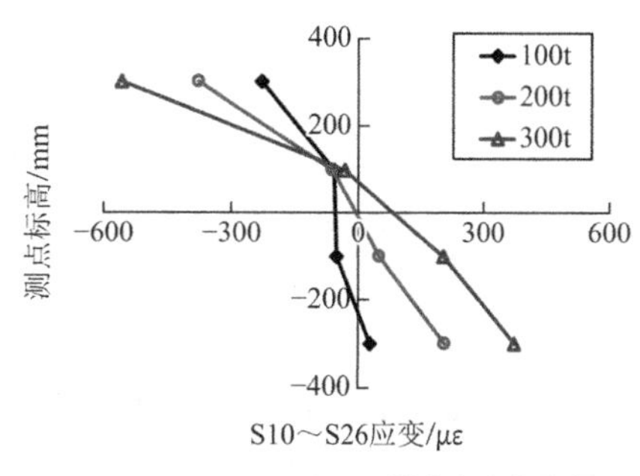

(b) S10、S13、S14 和 S26 沿高度应变分布

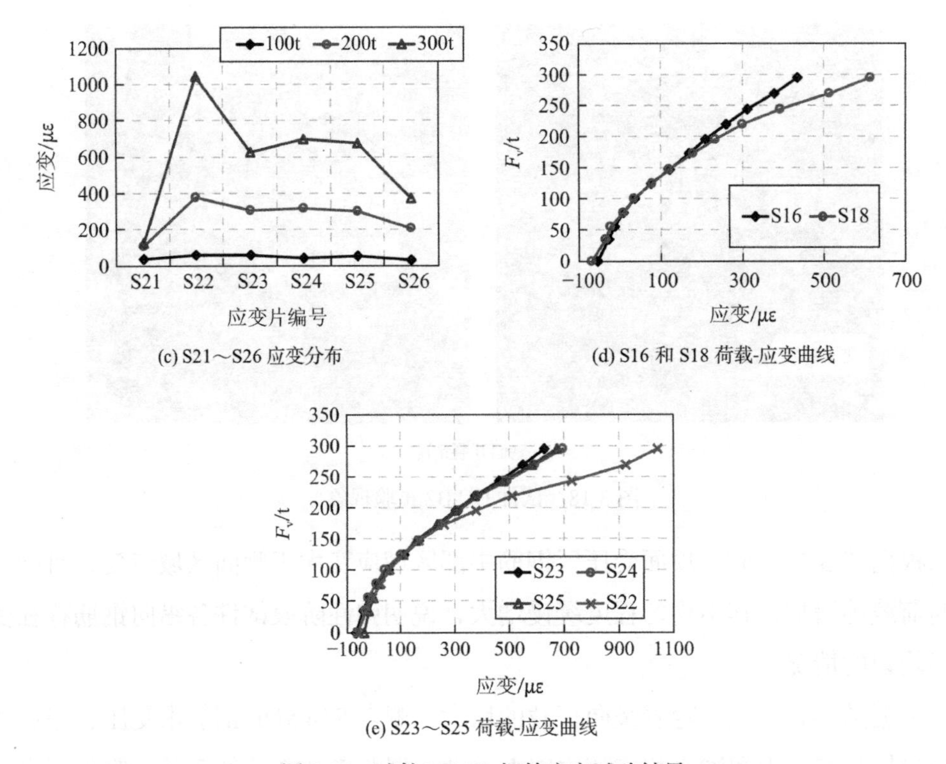

(c) S21～S26 应变分布

(d) S16 和 S18 荷载-应变曲线

(e) S23～S25 荷载-应变曲线

图 3-19　试件 UC-B2 钢筋应变试验结果

根据图 3-20（a），测点 C14 应变在竖向荷载达到 55t 后即发生滑移，测点 C19 应变在竖向荷载达到 100t 后发生滑移，测点 C17 和 C29 应变均在竖向荷载达到 125t 后发生滑移，交界面开裂并非同时产生，开裂荷载存在一定的离散性。

根据图 3-20（b），测点 C23 和 C27 应变在竖向荷载达到 150t 后发生滑移，测点 C24 和 C28 应变在竖向荷载达到 225t 后发生滑移，交界面侧面开裂亦非同时产生，存在一定的离散性。

根据图 3-20（c），测点 C30 在竖向荷载达到 225t 后开始出现滑移，但在此之前已在该测点附近肉眼观察到了明显的混凝土裂缝，在竖向荷载达到 225t 后才裂缝扩展至该测点所在位置。

根据图 3-20（d），同试件 UC-A1 现象一致，试件 UC-B2 顶面受压区混凝土各测点表现出一定的差异性。其中 UHPC 上测点 C08 的斜率最大（即刚度最大），普通混凝土上测点 C06 和 C10 斜率居中，交界面上的测点 C09 斜率最小。说明 UHPC 材料弹性模量大于普通混凝土材料弹性模量，而交界面区域存在微小间隙，使该处受压刚度减弱。根据本试件荷载-位移曲线的线性拟合结果，UHPC 材料弹性模量约为 C50 普通混凝土弹性模量的 1.8 倍，交界面区（交界面两侧各 25mm 宽度区域）均一化等效弹性模量约为 C50 普通混凝土弹性模量的 0.35 倍。

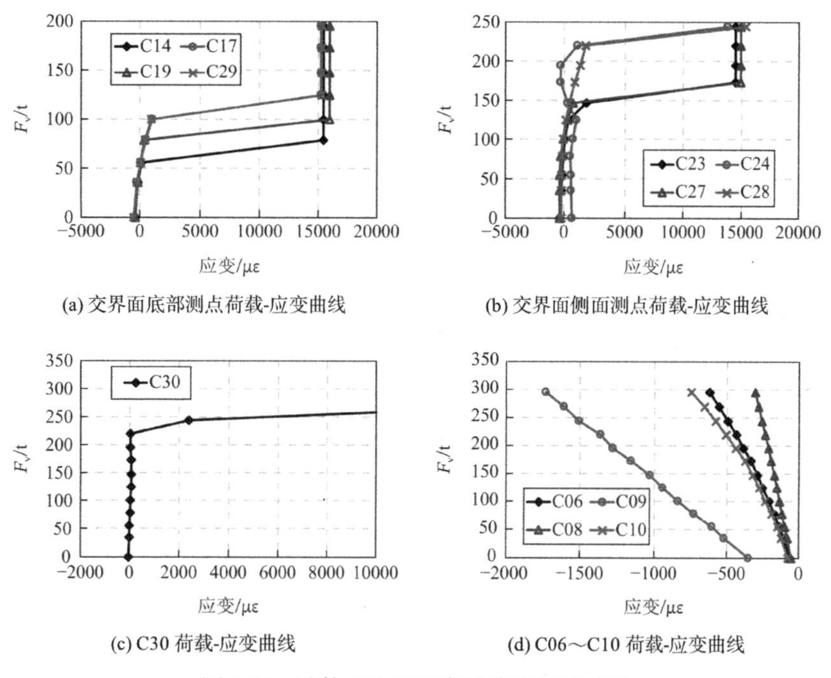

图 3-20　试件 UC-B2 混凝土应变试验结果

（5）对比分析

各试件试验结果对比情况见表 3-5。根据表 3-5 及前文试验结果描述，在弹性受力阶段，受压区钢筋受力相对较均匀，受拉区钢筋受力较不均匀。

各试件试验结果对比情况　　　　**表 3-5**

对比项	UC-A1	UC-A2	UC-B1	UC-B2
同一截面受压钢筋受力均匀情况	较均匀	不均匀	较均匀	较不均匀
同一截面受拉钢筋受力均匀情况	不均匀	不均匀	较均匀	不均匀
交界面底面监测到的最小开裂竖向荷载	—	125t	87t	55t

续表

对比项	UC-A1	UC-A2	UC-B1	UC-B2
交界面侧面监测到的最小开裂竖向荷载	175t	175t	160t	150t
UHPC 与普通混凝土弹性模量比	1.50	1.35	1.60	1.80
交界面与普通混凝土弹性模量比	0.30	0.50	0.60	0.35
UHPC 上监测到开裂的测点及对应荷载	—	C13-275t	C13-275t	—

根据应变片监测数据，每个试件交界面底面的开裂荷载并不一致，但基本可断定竖向开裂荷载≤100t。根据受拉钢筋的荷载-应变曲线，每个试件的普通混凝土区域开裂荷载在 100～150t 之间。根据理论分析，按混凝土抗拉强度标准值 2.64MPa 进行计算，其理论竖向开裂荷载为约 110t，试验结果与理论分析相匹配。根据试验结果分析，交界面早于 C50 混凝土开裂。

交界面除存在较早开裂问题外，其受压区亦因存在微小间隙的影响，受压刚度远小于普通混凝土受压刚度，且受浇筑质量影响显著，离散性较大。根据试验数据分析，其等效弹性模量约为 C50 混凝土弹性模量的 0.3～0.6 倍。

虽然存在两个试件在 UHPC 混凝土部分监测到开裂现象，但是并未发现肉眼可见的裂缝，其裂缝发展较小。

将四个试件的有效监测结果与具有代表性的几组数据进行对比，具体见图 3-21。四个试件在受拉钢筋的荷载-应变曲线上十分接近（图 3-21a、图 3-21b），说明两种竖向荷载确定模式具有一致性。四个试件 UHPC 上受压应变片的荷载-应变曲线较为相近（图 3-21c）；四个试件的荷载-位移曲线亦较为接近（图 3-21d）；说明四个试件间的差异性并不大，进一步证明两种 UHPC 材料性能相近。

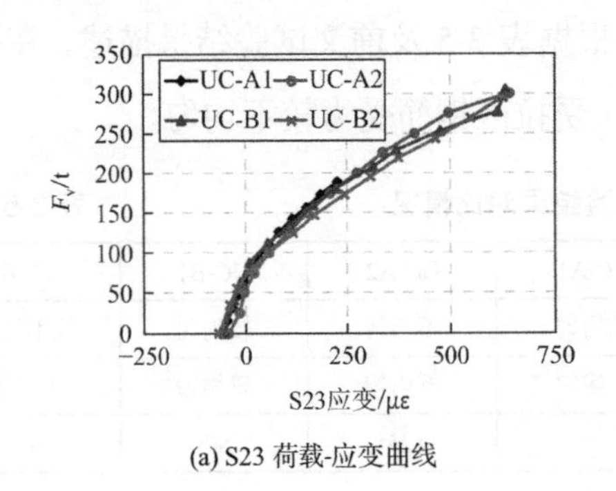

(a) S23 荷载-应变曲线

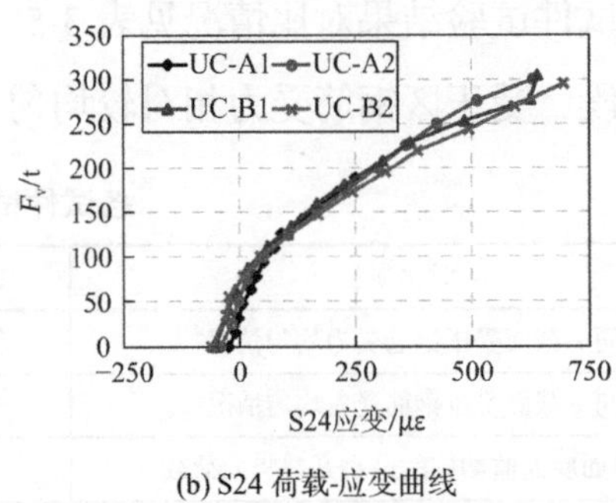

(b) S24 荷载-应变曲线

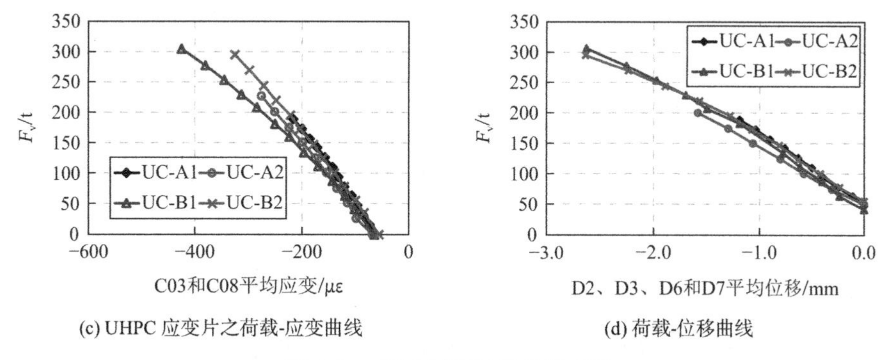

(c) UHPC 应变片之荷载-应变曲线

(d) 荷载-位移曲线

图 3-21　四个试件试验曲线对比

5. 试验小结

（1）四个试件采用了不同厂家的 UHPC 材料，试验数据相近，说明两种材料性能差异不大。UHPC 浇筑完 3d 的弹性阶段受力性能与 7d 后的受力性能相接近，说明浇筑 3d 的 UHPC 已具备相关受力性能。

（2）UHPC 与普通混凝土交界面的开裂早于 C50 混凝土的开裂，交界面的竖向开裂荷载小于 100t，也即开裂弯矩小于 500kN · m。

（3）UHPC 与普通混凝土交界面受压区因存在微小间隙而刚度降低，其等效弹模为 C50 混凝土弹模的 0.3～0.6 倍，离散性较大，与浇筑养护质量等相关。

（4）UHPC 节点域可满足设计态受力要求，且其本体基本不存在可见裂缝，但与普通混凝土交界面开裂情况严峻，影响结合部位受压刚度性态。

3.3.3 普通混凝土与高性能混凝土边界面抗渗试验

1. 界面渗透概述

超高性能混凝土的设计理论是最大堆积密度理论，其组成材料中不同粒径的颗粒以最佳比例形成最紧密堆积，即毫米级颗粒（骨料）堆积的间隙由微米级颗粒（水泥、粉煤灰、矿粉）填充，微米级颗粒堆积的间隙由亚微米级颗粒（硅灰）填充。

渗透性是多孔结构材料的本质属性之一，它表征的是材料内部孔隙结构的情况（大小、数量、分布和连通），控制着水、气体以及其他侵蚀性离子在多孔材料中的传输速率。广义的混凝土渗透性是指气体、液体或者离子在压力梯度、浓度梯度或者电位梯度作用下，由高压力、高浓度、高电位向低压力、低浓度、低电位方向渗透、扩散或迁移的性质或能力。混凝土作为一种多孔材料，其渗透性与耐久性有密切的关系，是评价混凝土耐久性的一个综合性指标。

抗水渗透性主要是指材料在环境中抵抗水渗透的性能，一般通过测定材料抗渗等级或吸水孔隙率来确定。由于 UHPC 的抗渗等级很高，超过了一般抗渗仪的测试范围，因此，用吸水孔隙率来表征其抗渗性。吸水孔隙率由干燥试件的质量、浸水饱和后的质量和静水称重得到的表观体积确定。UHPC 的抗渗性能能够满足一般地下工程的需求。

但是，由于 UHPC 内的水泥基材料较多，因此其在水化反应中产生的收缩远远大于普通混凝土的收缩量。若混凝土内部或者接缝处存在较大的收缩应力，会形成通缝，成为防水的薄弱环节。

上下二分式矩形顶管结构中，只在接头处采用超高性能混凝土材料，每个接头的浇筑体积约为 0.5m^3，浇筑两侧有混凝土面约束，接触面有伸出的钢筋约束 UHPC 的收缩变形，形成一个复杂的受力体系。因此，UHPC 材料的收缩性对界面防水性能的影响未知，需要通过试验进行探究。

2. 室内试验

（1）材料 TENACAL T180 界面抗渗性能

测试 TENACAL T180 与 C40 混凝土界面的抗渗性能，并与 C40 混凝土的抗渗性能进行对比，为隧道湿接缝提供非受力状态下的界面抗渗数据。

首先浇筑 C40 混凝土圆柱体试件，直径 100mm、高度 150mm，然后放置于混凝土抗渗试模中心位置，在 C40 圆柱体试件周围浇筑 TENACAL T180 一体化成型（图 3-22），在 TENACAL T180 达到 28d 龄期后测试该试件的抗渗性能，参照国家标准《普通混凝土长期性能和耐久性能试验方法标准》GB/T 50082—2009，与纯 C40 抗渗试件进行对比。一共设置两组，每组 6 个试件（图 3-23）。

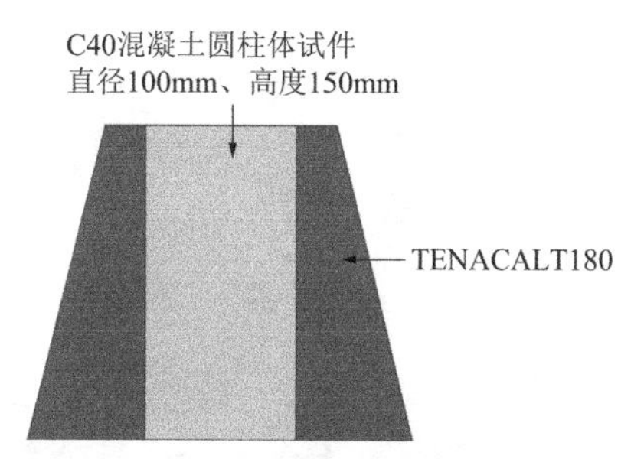

图 3-22　TENACAL-C40 混凝土界面抗渗性能测试试件

图 3-23　混凝土抗渗设备

根据由上海市市政公路工程监测有限公司出具的检测报告（报告编号：BG-2016-HNT-1789），可知在本试验状态下，所有试件的 UHPC-混凝土界面在 1MPa 的水压下都没有出现渗水情况，表明送检试件的抗渗等级达到了 P10。

（2）材料 SBT-UDC 界面抗渗性能

基体采用 C40 混凝土，考察两种不同收缩性质的 UHPC（SBT-UDC Ⅰ无膨胀应力混凝土，下文称为 UHPC Ⅰ；SBT-UDC Ⅱ有膨胀应力混凝土，下文称为 UHPC Ⅱ）在两种不同界面性状（柱/平口）条件下收缩特性（图 3-24）。参照《普通混凝土长期性能和耐久性能试验方法标准》GB/T 50082—2009 中的标准抗渗试件，界面形状为平口时，C40 混凝土与 UHPC 对半浇筑；界面形状为柱口时，中心 100mm 为 UHPC，外围为 C40 混凝土；测试区域为接缝位置，其余位置用钢板隔离开。为考虑尽量简化预制管件界面处理工艺，前期试验中 C40 混凝土接缝采用 PVC 作为模板面，即接缝外为光面边界。

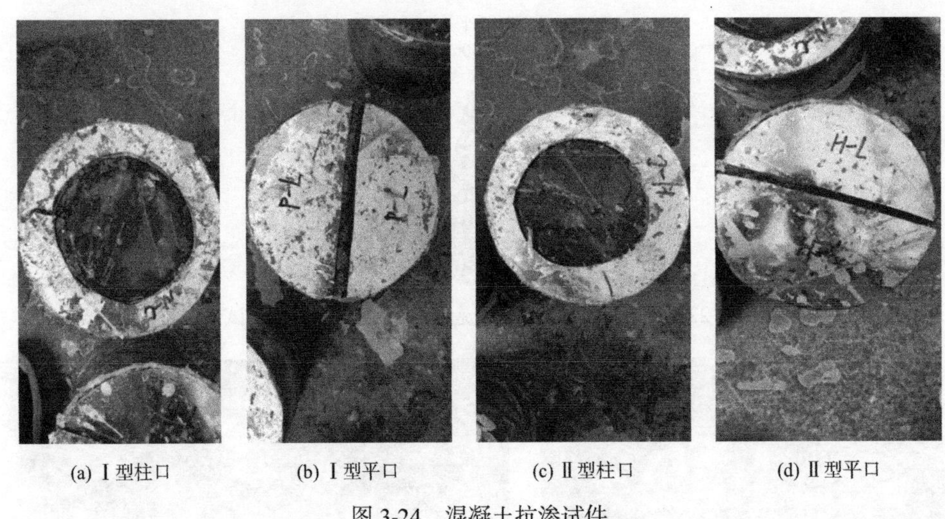

(a) Ⅰ型柱口　(b) Ⅰ型平口　(c) Ⅱ型柱口　(d) Ⅱ型平口

图 3-24　混凝土抗渗试件

为评估两种 UHPC 的变形特性，采用钢管和 UHPC 进行膨胀应力监测，监测数据采用贴附在钢管的应变片通过应变采集仪进行获取，如图 3-25 所示。

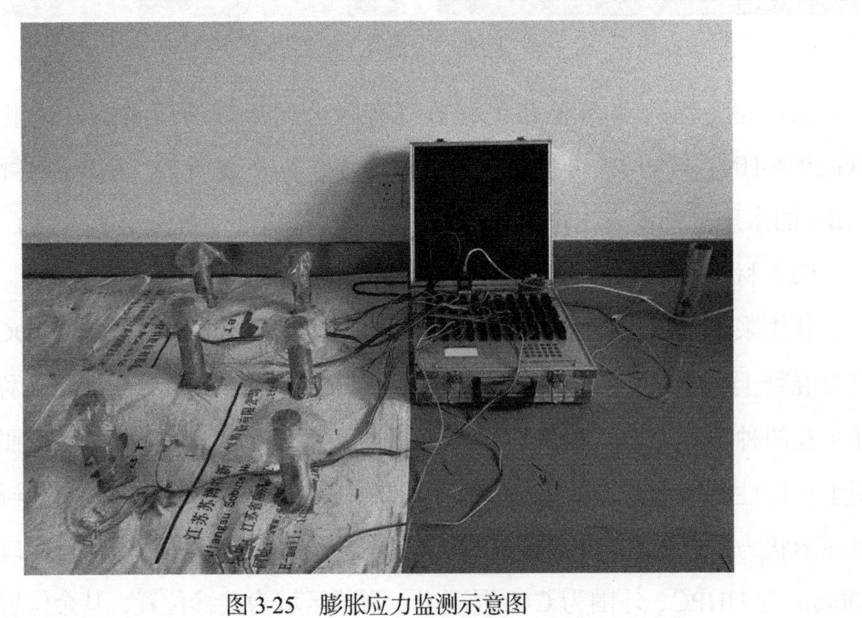

图 3-25　膨胀应力监测示意图

试验过程模拟施工实况，在常温环境下进行，应变监测数据如图 3-26 所示，从图中可以看出，UHPC1 材料一直处于收缩状态，最大收缩量约为 300με；UHPC2 材料则展现出膨胀特性，5d 的膨胀量可超过 300με。

在获得材料膨胀变形特性后，通过弹性力学理论计算膨胀应力。浇筑在钢管内的 UHPC 膨胀时受到钢管的约束，其受力状态如图 3-27 所示，可根据钢管的实测应变值计算得到：

$$q(t) = -\varepsilon_{\text{out}}(t)E_{\text{S}}\left(\frac{R_{\text{OS}}^2 - R_{\text{IS}}^2}{2R_{\text{IS}}^2}\right) \tag{3-1}$$

式中：$\varepsilon_{\text{out}}(t)$ 为 t 时刻外钢环外侧的应变值；E_{S} 为钢的弹性模量，一般取 200～210MPa；R_{OS} 为钢管环外径；R_{IS} 为钢管环内径。

经测试，UHPC 材料膨胀应力前 3d 在 0～2MPa 之间波动，3d 后持续增长，可达到 5MPa。

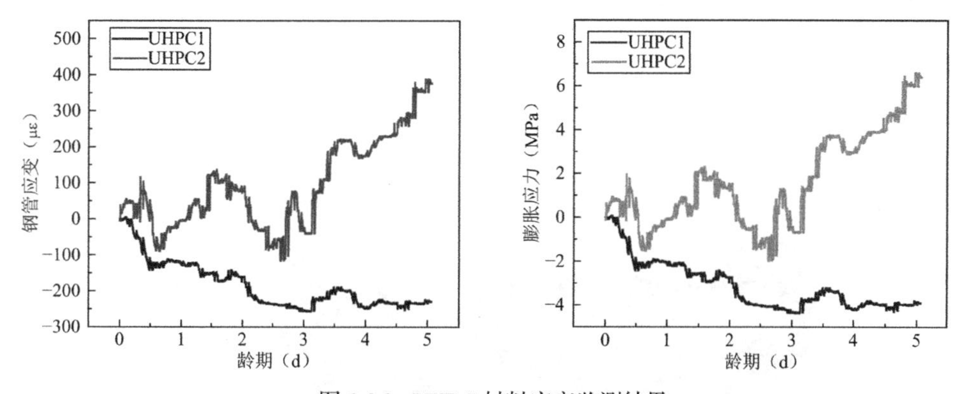

图 3-26　UHPC 材料应变监测结果

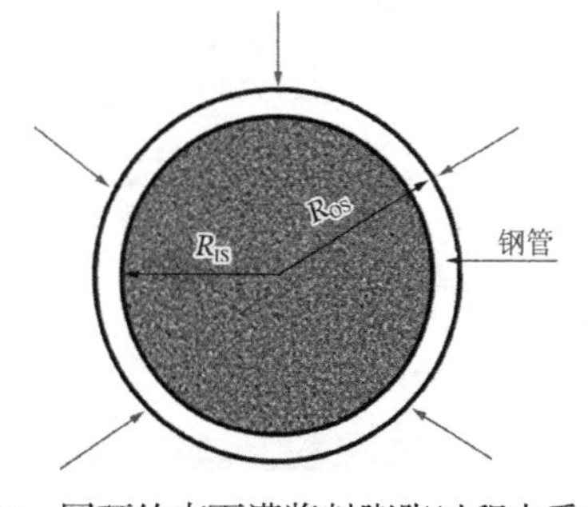

图 3-27　圆环约束下灌浆料膨胀过程中受力状态

对 UHPC 材料的工作性能和力学性能进行测试，结果如表 3-6 所示。

UHPC 材料基本性能　　表 3-6

材料	流动度/mm	3d 抗压强度/MPa	3d 抗折强度/MPa	28d 抗压强度/MPa	28d 抗折强度/MPa
UHPC1	720	79.3 ± 4.0	11.38 ± 0.36	135.67 ± 5.10	17.77 ± 0.08
UHPC2	680	77.6 ± 3.7	11.05 ± 0.60	124.97 ± 3.21	17.23 ± 1.21

抗渗性能测试采用 1.2MPa 恒定压力进行测试，如图 3-28 所示，试验结果如表 3-7 所示。从试验结果可以看到，四种试件的接缝都出现了渗透现象。其中柱口界面渗透情况最差，加压到 0.2～0.4MPa，1min 就出现了明显渗水现象；平口界面渗透情况相对得到改善，加压到 0.4～0.6MPa，4min 也出现了明显渗水现象。从剖面可以看到，各试件的整个界面都被水浸湿，此外，还可以发现 UHPC 界面上粘附着些许 C40 混凝土，说明 UHPC 对 C40 混凝土界面粘结性较强。

根据试验结果，光滑界面对抗渗性能的影响较为显著，不利于接缝抗渗性能的提升，因此建议下一步针对界面处理进行改进，探讨接缝抗渗性能提升的可行性和可靠性。

图 3-28　抗渗性能测试示意图

地下预制管件拼装接缝抗渗试验结果　　表 3-7

编号	渗透情况	渗透压力/时间	剖面示意
UHPC1-柱口		0.2～0.3 MPa/1min	
UHPC1-平口		0.5～0.6 MPa/4min	
UHPC2-柱口		0.3～0.4 MPa/1min	—

续表

编号	渗透情况	渗透压力/时间	剖面示意
UHPC2-平口	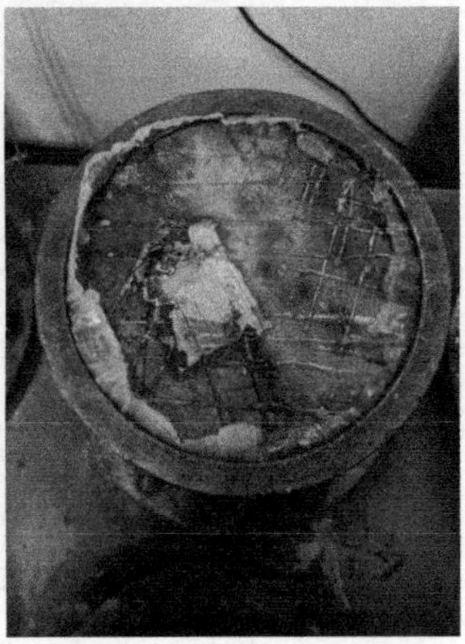	0.5～0.6 MPa/4min	

（3）界面渗透试验小结

从测试数据来看，在设定的界面条件下，TENACAL T180 和 SBT-UDC 与 C40 混凝土接缝的防水性能试验出现了较大的差别。造成这一现象的原因是，TENACAL T180 包裹在混凝土外部，其收缩性能是没有外部约束的。另外，TENACAL T180 的收缩性对内部混凝土形成围压，有利于界面处裂缝收缩，提高了抗渗性能。相比较而言，针对 SBT-UDC 材料的试验形式更加贴近工程实际情况，即 UHPC 的浇筑存在周围约束。对比两种 SBT-UDC 材料的试验结果，发现整体界面防水性能难以保证，有无膨胀应力添加剂对 UHPC-PC 混凝土界面的防水性能影响不大。比较同一种材料柱形切口和平行切口，柱形切口的防水性能远远低于平行切口。造成这一现象的原因是，柱形切口边界条件约束性更强，在界面处形成更大的收缩拉应力，对防水更加不利。

3. 界面防水原型试验

1）试件设计

本系列试验共包括 4 个试件，其中两两为一组，不同组试件采用的 UHPC 材料来自不同的材料供应商，同组试件的区别仅为试验时间不同。所有试件宽 1.9m、厚 0.7m、长 2.9m，其中 UHPC 节点区长 1.5m、宽 0.5m、厚 0.7m。除 UHPC 节点区外，其余区域混凝土为普通混凝土，混凝土强度等级为 C50。试件所有钢筋等级均为 HRB400，其中上顶面（受压区）钢筋直径 25mm，下底面（受拉区）钢筋直径 32mm。具体试件形式如图 3-29～图 3-31 所示，试件参数见表 3-8。

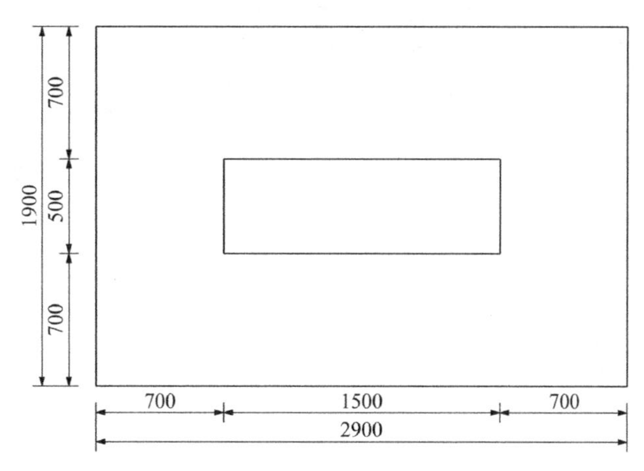

图 3-29　抗渗试验试件平面图

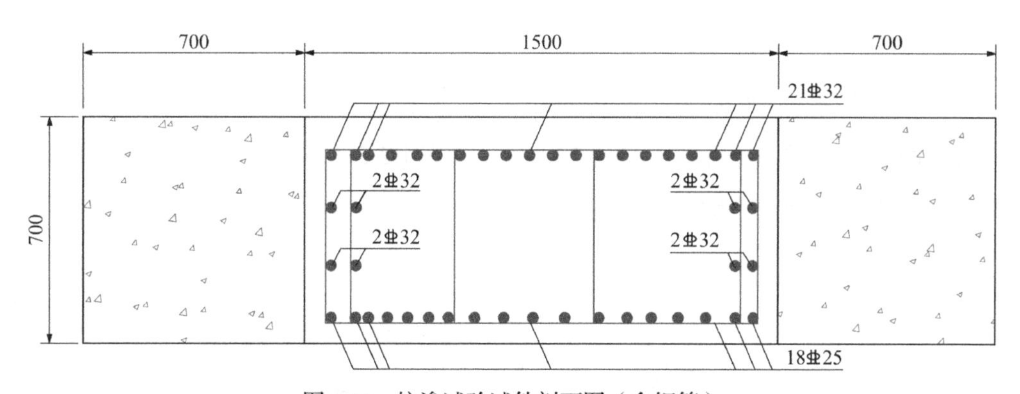

图 3-30　抗渗试验试件剖面图（含钢筋）

试件参数表　　**表 3-8**

试件编号	UHPC 材料	试验时间
FW-A1	TENACAL T180	UHPC 浇筑完第 3 天
FW-A2	TENACAL T180	UHPC 浇筑完 7d 后

续表

试件编号	UHPC 材料	试验时间
FW-B1	SBT-UDC Ⅱ	UHPC 浇筑完 7d 后
FW-B2	SBT-UDC Ⅱ	UHPC 浇筑完 7d 后

图 3-31　抗渗试验试件

根据 SBT-UDC Ⅱ材料厂商的建议，在浇筑之前对界面进行处理。FW-B1 试件对界面进行了凿毛处理，如图 3-32 所示。FW-B2 试件对界面进行了凿毛处理，并且涂抹界面处理剂，增强 UHPC 的渗入能力，如图 3-33 所示。

图 3-32　抗渗试验试件界面凿毛处理

图 3-33　抗渗试验试件界面剂处理

2）试验加载装置

为了验证 UHPC-NC 界面的防水性能，本次试验参考盾构隧道管节防水试验的加载方式，如图 3-34 所示。由于接缝的尺寸较大，因此根据试验需要，专门定制了抗渗试验装置，如图 3-35 所示。

图 3-34　盾构隧道管片抗渗试验试件

图 3-35　抗渗试验装置

为了保证防水密封性，在试验装置和混凝土接触面处安装防水橡胶条。横梁和螺栓用于为水压力提供反力，保证橡胶条的表面应力以及防水性能。

3）试验加载步序

根据现场施工需求，试验加载步骤总共分为 7 步：

（1）按照 0.05MPa/min 的加压速度，加压到 0.1MPa，稳压 10min，检查接缝渗漏情况，做好记录。

（2）继续加压到 0.2MPa、0.3MPa。在 0.3MPa 水压条件下，稳压 2h，检查管节接缝的渗漏情况，做好记录。

（3）如果第 2 步中无渗漏现象，则继续加载。按照 0.05MPa/min 的加压速度，加压至 0.6MPa，稳压时间 2h，检查管节接缝的渗漏情况，做好记录。

（4）如果第 3 步中无渗漏现象，则继续加载。按照 0.05MPa/min 的加压速度，加压至 0.8MPa，稳压时间 2h，检查管节接缝的渗漏情况，做好记录。

（5）如果第 4 步中无渗漏现象，则继续加载。按照 0.05MPa/min 的加压速度，直至加载到试件出现渗漏。若达到设备加载能力最大值，仍没有出现渗漏，则稳压 2h，检查管节接缝的渗漏情况，做好记录。

（6）稳压时间内，应保证水压稳定，出现水压回落时应及时补压，保证水压保持在规定压力值。

（7）渗漏检验过程中，若因橡胶密封垫不密实出现渗漏水，应判定试验失败，重新检验。

4）试验结果

设计试验时，为了保证渗水路径的唯一性，试验试件的边界条件相较于实际情况更加苛刻，特别是新增的短边接触面，没有伸出的钢筋分摊拉应力。

试验结果表明：在加载后，接缝处存在通缝，抗渗的水位面与试件上表面齐平时，立即出现渗水，四个试件的渗漏点都出现在普通混凝土和 UHPC 接触侧面。这表明凿毛和涂抹界面剂对防水性能的影响不大。

通过对该现象进行进一步分析可以得出：首先，普通混凝土和 UHPC 接触面是抗渗薄弱环节，相对于整体浇筑，抗渗性能较差；其次，UHPC 在固化过程中收缩明显，在接缝处易产生裂缝；最后，侧面无伸出钢筋分摊收缩应力，产生拉裂缝。

4. 改进界面防水试验

（1）改进后的试验方案

由于第一次防水原型试验的渗水路径都出现在普通混凝土和 UHPC 接触（无钢筋锚固）侧面，而在实际工程中，这一界面并不存在，因此上节中的试验结果无法准确反映实际工程中的界面的防水性能。故在原有的抗渗试件的基础上，通过涂抹防水材料限制渗漏路径，对试验方案进行改进。

此外，为了保证防水性能，深化设计过程中在界面处增设 U 形遇水膨胀橡胶条。为了验证改进后界面的防水性能，设计符合施工实际边界约束的试件。

（2）试验设计

首先利用原有的 4 块抗渗试验试件，在迎水面的短边涂抹单组分聚脲防水材料，限制渗漏路径使其只能位于长边，如图 3-36 所示。试件加载方向在前一次试验的基础上旋转 90°。

图 3-36　改进后的抗渗试验装置

为了与实际情况的 UHPC 浇筑体积尽量符合，新试件配筋与抗弯试验试件相同。考虑最短渗流路径，利用聚脲防水材料改变渗流路径长度，在界面处依然采用凿毛处理。凿毛采用在混凝土浇筑时于该侧模板上涂抹缓凝剂，脱模时利用高压水枪清洗表面，形成毛面，如图 3-37 所示。新增两组试件的 UHPC 材料都为添加了膨胀剂的 SBT-UDCⅡ混凝土型。

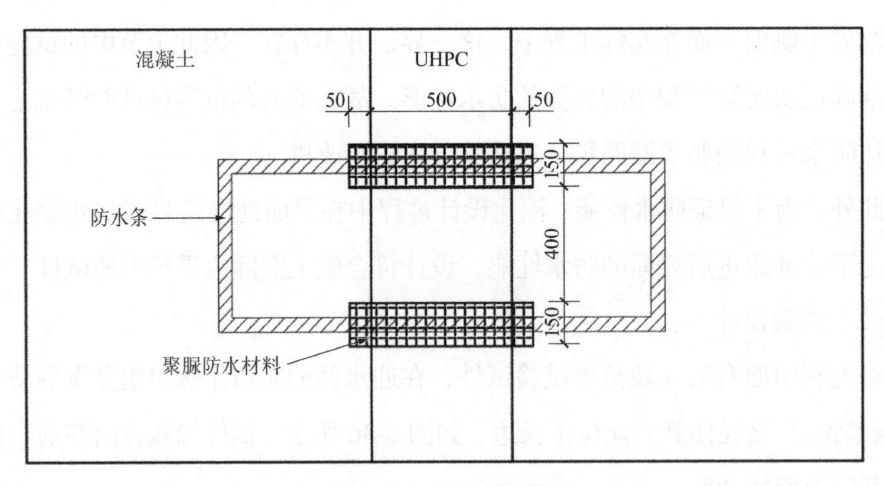

图 3-37　抗渗新试块

在普通混凝土与 UHPC 界面增设一道遇水膨胀橡胶条，使其与环向的鹰嘴橡胶圈及钢板止水橡胶圈形成 U 形防水圈，考虑在混凝土模板上预留槽段，在拼装浇筑 UHPC 前粘贴遇水膨胀橡胶条，如图 3-38 所示。

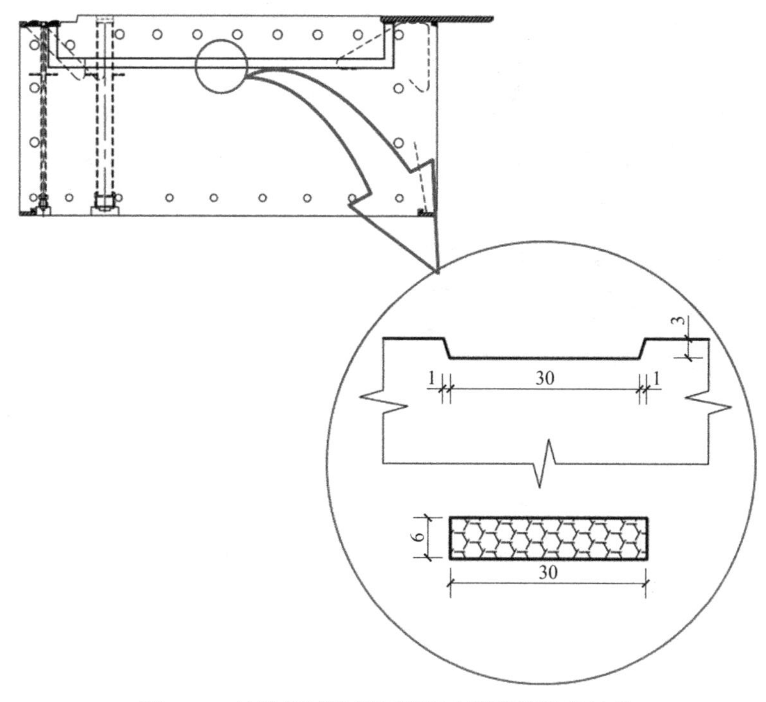

图 3-38　抗渗新试块界面处遇水膨胀橡胶条处理

（3）试验结果

经过单组分聚脲涂层处理过的 4 个已有试件中，水的渗流路径被限制。通过试验，4 个试块在水压加载到 5～10m 的条件下，顶面出现渗水情况，如图 3-39 所示。采用最不利下限考虑，普通混凝土与 UHPC 界面处的极限抗渗能力为 5m 水头。

新浇筑的两个抗渗试件，由于底部橡胶条漏水原因，分两批次完成试验。第一块试件加压至 15m，侧面出现渗水现象，在 15m 水压条件下，静置一段时间后，顶部止水条部位出现漏水，如图 3-40 所示。0.7m 厚的 UHPC 与混凝土界面的极限抗渗水头在 15m 左右。

图 3-39　已有抗渗试块试验现象

图 3-40　第一块新抗渗试块试验现象

第二块加载时，由于试验装置橡胶密封垫存在明显的排气声，为了保证第二块试件的加载顺利，在密封垫表面涂抹粘合剂，按照说明，静置 10min 后，安放抗渗试块以及反力装置。试验开始后，采用人工向空腔内加水，过程缓慢，空腔内空气无法排出，后改用高压泵分级加水。高压水泵第一级加载至 0.1MPa，试件本身以及试件与密封垫之间无渗漏水现象；随后高压水泵第二级加载至 0.2MPa，试件本身无渗漏水现象，密封垫与试件之间被击穿，初期出现跑气声，第二次再加载，出现喷水现象。

新制作的两块抗渗试块中，0.7m 厚的 UHPC 与混凝土界面的极限抗渗水头在 15m 左右，顶面有遇水膨胀橡胶条的部位没有出现渗水情况。

5. 原型试验小结

本次抗渗试验表明，UHPC 在养护过程中会出现明显收缩，在与普通混凝土界面产生拉应力，对界面防水造成不利影响，整体试验结果低于预期。

通过对 4 组抗渗试件的两次试验可知，可通过预留钢筋提高普通混凝土与 UHPC 界面的抗渗性能，但是提高程度有限。通过新的 2 组抗渗试件试验可知，实际工程中，采用在界面增设遇水膨胀橡胶条能够有效提高界面的防水能力，0.7m 厚的 UHPC 与混凝土界面的极限抗渗水头在 15m 左右，顶面有遇水膨胀橡胶条的部位没有出现渗水情况。

3.4　工程实践

杭州市萧山区人民广场北区人防工程和科创中心地下连接通道工程位于浙江省杭州市萧山区内，为下穿金惠路的地下车行通道，连接科创中心车库（地下二层）与人民广场地下车库（地下二层）。通道全长 74m，顶管段长度约为 67m，采用大断面矩形顶管法施工，隧道顶部最浅覆土约为 4.5m。矩形顶管隧道的外包尺寸为 10.06m（宽）× 5.26m（高），管节长度 1.5m、厚度 0.7m。顶管段沿线穿越多条市政管线，净距最小为 1m。隧道的平纵断面如图 3-41、图 3-42 所示。

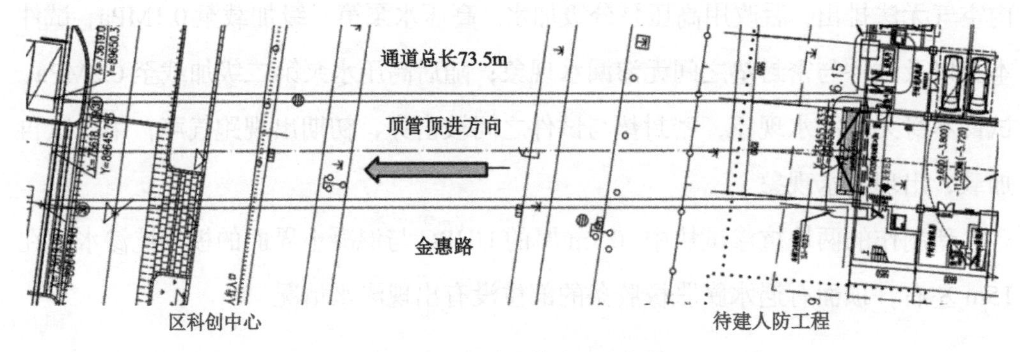

图 3-41　地下通道平面示意图

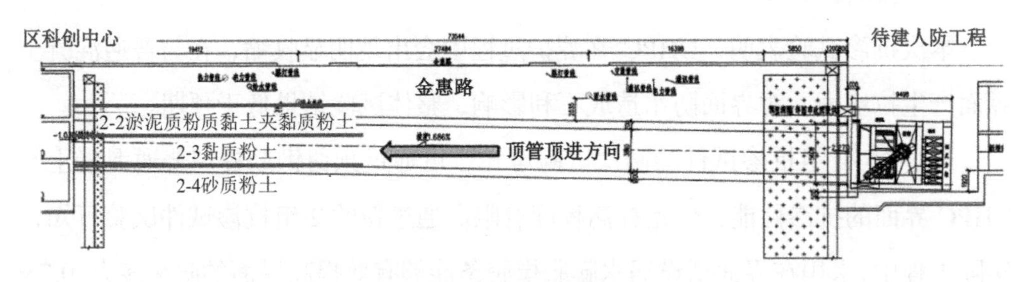

图 3-42　地下通道纵断面

为避免对市政道路与地下管线造成影响，通道设置在地下二层。本工程连接的地块中，北侧科创中心地下室已竣工并交付使用。地下通道作为人防工程的附属工程与地下车库一起施工建造。

本项目整体管节宽 10.06m、高 5.26m、长 1.5m，单节管节重量为 70t。拟建场地位于城市中心区域，由于其尺寸过大，重量较重，在运输、吊装等方面存在较大难度，本工程采用上下二分式管节、现场浇筑超高性能混凝土实现连接的理念（图 3-43），实现"化整为零、快速施工"。该工程是国内首次应用大断面矩形上下二分式混凝土预制拼装管节。现场实施后接缝无渗漏，隧道的变形与防水满足设计要求，实施效果良好，如图 3-44 所示。

图 3-43　现场完成湿接缝浇筑

图 3-44　顶进完成的隧道内部

第4章

超长距离矩形顶管隧道设计

4.1　研究背景

随着顶管施工工艺的不断改进完善和自动化程度的不断提升，矩形顶管的顶进长度要求越来越大，在包括城市轨道交通出入口联络通道、路网下穿城市主干道、城市综合走廊等立体交通工程中的运用也越来越多。

然而，相比于圆形顶管，矩形顶管施工对周围土体环境的影响更大。当矩形顶管的断面越高，顶进距离越长时，其对周边环境的影响越是难以精确预测。而且，矩形顶管技术主要运用在道路交错、管线密集、建（构）筑物林立等环境复杂的隧道工程建设中，这对顶管施工提出了更高的要求。一旦土体变形位移超过限值，将会引起周围建（构）筑物变形，造成路面坍塌，对交通造成影响，因此必须设法减弱顶管施工对土体的扰动，使其对周围环境的影响降到最低。此外，当大断面矩形顶管顶进距离较长时，其所需要的顶力也非常大，这对顶进力及后靠背的设计、始发与接收风险控制都是一个巨大的挑战。

目前，国内矩形顶管长距离顶进的工程实例相对较少，理论研究不够深入。因此，研究大断面矩形顶管长距离顶进过程中的顶力及后靠背设计、始发与接收施工风险控制、双线隧道联络通道设计等具有重要的理论与工程意义，同时也可为今后类似工程提供借鉴。

4.2　设计与施工方案研究

4.2.1 顶进力及后靠背设计

1. 最大顶进力确定

（1）顶进力的构成

顶进力 F 的确定过程是对顶进阻力的反分析，推动管节在土体介质中前进所需克服的管节阻力是顶进力的反作用力。顶管顶进过程中主要需要克服两大阻力，一方面是管节外壁与土层的摩阻力 F_1，另一方面是顶管机的掌子面阻力 F_2。

（2）顶进力影响因素分析

影响顶进力的因素较多，在顶进过程中，由于管节不断受各种外界因素影响，如穿越地层、姿态控制、千斤顶顶力偏心、施工工期（如顶管停滞）等，管壁周边及掌子面受力状态变化较大，有些变化情况事先较难预测。考虑以上因素影响，确定顶进力时应既考虑施工的经济性，同时也应保证所设计的顶进力安全可靠，具有适当的安全系数。

顶进前应对能够确定的影响因素如顶进沿线覆土深度、地层分布及参数、地下水位、地下管线及构筑物分布等，通过调查、试验等方法预先掌握其规律，提前进行方案设计，对可预估的因素进行分析。对于无法明确的影响因素，如施工过程中由于设备故障或其他因素导致的顶进停滞、土质突变导致的掌子面塌方、不明障碍物清障等，都能造成顶进力急剧变化。以顶管顶进施工过程中常见的顶进停滞为例，停滞一段时间后，周边土体因静滞后阻力急剧增长，重新顶进时，瞬时启动顶进力将明显大于停滞前阻力，根据上海市陆翔路-祁连山路贯通工程Ⅱ标矩形顶管隧道施工经验，最大增幅可达50%以上。因此，应提前对可能出现的问题进行风险预估，做好施工方案及应急措施。

（3）顶进力计算

最大顶进力可按下式计算：

$$F = F_1 + F_2 \tag{4-1}$$

管节外壁与土层的摩阻力 F_1 可按下式确定：

$$F_1 = uf \tag{4-2}$$

式中：u 为管节外轮廓周长；f 为管壁与土层（减摩浆液）间的摩擦力。

掌子面阻力 F_2 可根据顶管机型及周边环境的要求选用主动土压力和被动土压力。

2. 最大允许顶进力确定

（1）按顶管设备能力确定允许顶进力

顶管设备的最大顶进能力是确定最大允许顶进力时首先考虑的因素，尤其是对于小型顶管。但随着顶管机械设备的逐步改进及发展，对于大断面顶管，设备顶进能力一般不会成为控制因素。通过合理设备设计和千斤顶布置，通常能够达到预期的最大顶进力要求。

（2）按管节受压承载力确定允许顶进力

顶管管节端面能承受的顶进力取决于管材、管径和管壁厚度。顶进力大于端面局部受压承载力，将导致管节破坏。对于钢筋混凝土管节会导致管节脱皮开裂甚至破坏；对于钢管节，管口会出现卷曲变形、管缝开裂等。相关标准从管节受压承载力角度出发，推荐管节允许顶进力如下：

钢筋混凝土管节：

$$F_{dc} = k_{dc} f_c A_p \tag{4-3}$$

钢管节：

$$F_{ds} = k_{ds} f_s A_p \tag{4-4}$$

式中：k_{dc}、k_{ds} 分别为混凝土管节、钢管节综合系数；f_c、f_s 分别为混凝土管、钢材抗压强度设计值；A_p 为管节有效传力面积。

（3）按后靠背承载力确定允许顶进力

顶管始发井占顶管隧道工程造价比例较高，其中后靠背的建设费用占比较大。因此应尽可能计算出实际顶力值，以便经济合理地选定后靠背的形式。如果设计荷载小于实际顶力，最大顶进力作用将导致地面隆起，使后靠范围土体失稳或后靠传力结构体系破坏；若估算的顶进力过大，则会导致后靠背建设造价相应提升，造成浪费。

当顶进力过大，管节结构、顶进设备不能承受全部顶进力，或提升后靠背承载力以提高允许顶进力的建设成本较高时，可通过配合施工减摩及中继间布置等辅助措施，综合确定合适的最大顶进力，达到建设经济及施工可靠等要求。

3. 后靠系统设计

始发井后靠系统承受千斤顶推力，所能提供的反力不得小于顶进力设计值。在综合确定设计最大顶进力后，需选择合适的后靠系统进行设计。后靠背系统需综合考虑顶进力大小、围护形式及结构形式等因素。

顶进力的大小涉及后靠系统方案的选择。对于后靠系统紧邻明挖暗埋段结构的矩形顶管隧道工程，可考虑采用部分暗埋段作为顶管顶进的后靠背系统以提供顶管顶力。此时，后靠系统反力由暗埋段外侧地下墙摩阻力 F_1、暗埋段结构底板与周围土体摩阻力 F_2、工作井后靠土压力 F_3 与设置于暗埋段底板下的地下墙（若有）摩阻力 F_4 组成，结合实际设计情况汇总后可得总后靠反力。

暗埋段外侧地下墙摩阻力 F_1 计算见式(4-5)。

$$F_1 = \frac{1}{\gamma_a} L_q \sum f_{si} l_i \tag{4-5}$$

式中：L_q 为暗埋段地下墙长度；f_{si} 为各土层侧摩阻力系数；l_i 为各土层厚度；γ_a 为承载力分项系数。

暗埋段结构底板与周围土体摩阻力 F_2 计算见式(4-6)。

$$F_2 = \mu N = \mu(G_k L_j + \gamma h_a B_a L_j) \tag{4-6}$$

式中：μ 为底板与土体摩擦系数；G_k 为暗埋段单位长度自重；L_j 为暗埋段结构长度；γ 为上覆土重度；h_a 为暗埋段平均覆土高度；B_a 为暗埋段结构宽度。

工作井后靠土压力 F_3 计算见式(4-7)。

$$F_3 = \frac{K_p \gamma h}{2\eta} B_q(h_1 + 2H_q + h_2) \tag{4-7}$$

式中：K_p 为被动土压力系数；γ 为土的重度；h 为工作井深度；η 为安全系数；B_q 为后背墙的宽度；h_1 为地面到后背墙顶部土体的高度；H_q 为后背墙的高度；h_2 为后背墙底部到工作井地下连续墙底部的高度。

设置于暗埋段底板下的地下墙摩阻力 F_4 计算与 F_1 相同，主要考虑底板下地下连续墙提供的摩阻力，该设计以与暗埋段底板下方相连接的地下连续墙作为一种后靠措施，可有效提高顶进后靠总反力，在特长距离顶推力需求较大时推荐选用。

4. 管节设计

矩形顶管隧道顶推过程中，千斤顶集中作用于尾部底板及侧墙处，管节头部切口断面的作用力基本为均匀分布，把整节矩形顶管管节竖向高视作受力梁的跨度，管节厚度视作受力梁的断面高度，该梁上的受力是不均匀的，竖向底板和侧墙、底板和隔墙的根部产生很大的剪力作用。管节受力状态如图 4-1 所示。

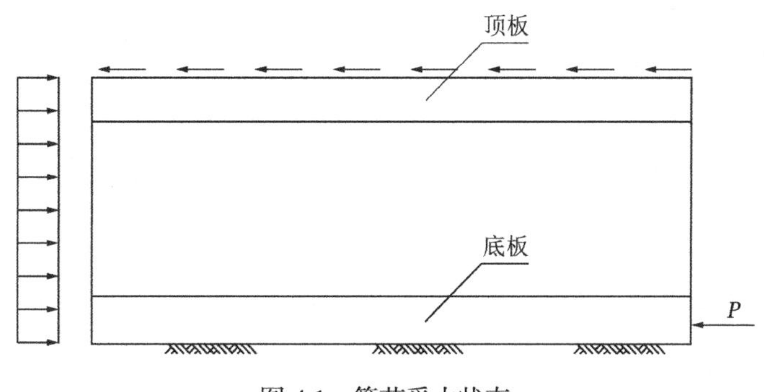

图 4-1　管节受力状态

当总顶力需求较大时，可设置顶进中继间，以减少总顶力，优化后靠。根据顶管施工经验，为了后续的管节能及时纠偏，第一道中继间宜布置在顶管机后方 20～50m 的位置，其后根据计算并考虑一定的安全储备按约 100m 的间隔布置。

4.2.2 大断面顶管始发与接收施工及风险控制

顶管机始发和接收是顶管施工的重大风险源，若顶管机始发与接收时外侧土体不稳定，则可能出现洞口涌水、涌泥、涌砂等事故，在超长距离顶进时，始发井内不断重复管节吊放和顶进施工，增加了施工风险。

1. 顶管始发风险及施工控制措施

1）顶管始发风险

顶管始发可能产生的风险有：

（1）洞口土体加固不当

如果始发洞口土体加固强度较低或未加固，可能导致洞口水土流失，造成洞口周围地面坍塌；如果始发洞口加固强度过高，可能导致机头刀盘切削困难，引起机械故障。

（2）机头“磕头”

顶管机出加固区后，可能出现“磕头”的现象，导致地面大幅度沉降。

（3）螺旋机堵塞

始发阶段顶进速度过快，对切削的加固体搅拌不均，可能导致螺旋机堵塞。

（4）地面变形较大

出土量和顶进速度不匹配，未建立起正面土压平衡，可能导致地面沉降或隆起。

（5）机头及管节后退

始发阶段，顶进距离较短，周边摩阻力较小，正面土压力较大的情况下，可能会引起顶管机及管节后退的风险。

2）始发准备阶段施工控制措施

在始发准备阶段，应采取如下控制措施：

（1）始发洞口加固

软土地层中进行顶管始发施工时，由于洞门凿开后土体失去围护墙的支撑，且顶管机紧贴洞壁需要时间，如不进行相应的加固处理，则会导致土体失稳，顶管机始发失败；即使在土体失稳前顶管及时靠上开挖面，顶管机在非稳定土层中的推进姿态仍将更难控制，因此软土地层中顶管始发与接收加固十分必要。

土体始发洞口加固可采用三轴水泥搅拌桩加固，水泥掺量为 20%，28d 桩身无侧限抗压强度不小于 1.0MPa，以提高土体的自立性和承载力。由于三轴搅拌桩与地下连续墙无法紧密贴合，故可在地下连续墙与三轴搅拌桩之间采用高压旋喷桩加固处理，隔断洞口位置的水力联系通道，确保始发过程中不会出现突涌水事故，如图 4-2 所示。

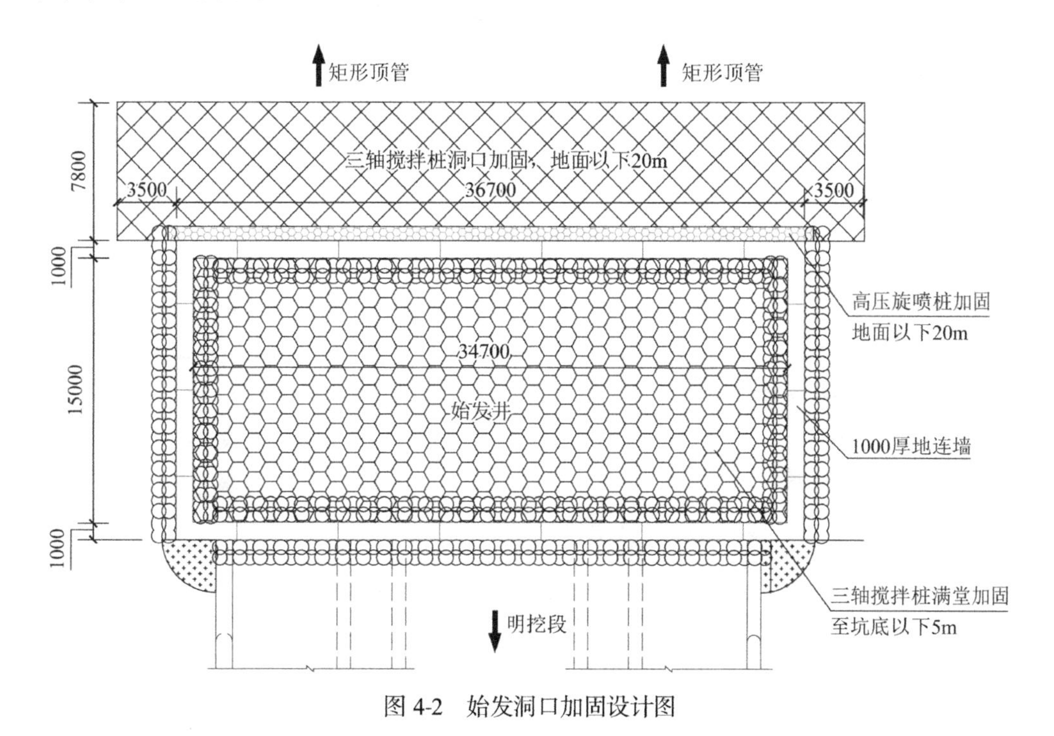

图 4-2　始发洞口加固设计图

（2）始发降水井设置

为确保顶管机始发时不会发生渗漏水问题，在围护结构与加固体接缝位置及加固体和原状土交界处均设置降水井，减小周围地下水对洞口和加固体的补给量，降低顶管机始发风险，如图 4-3 所示。顶管机始发时，临时将水位降至洞门底 1.0m，待顶管机安全始发后，停止降水，减小降水的环境影响。

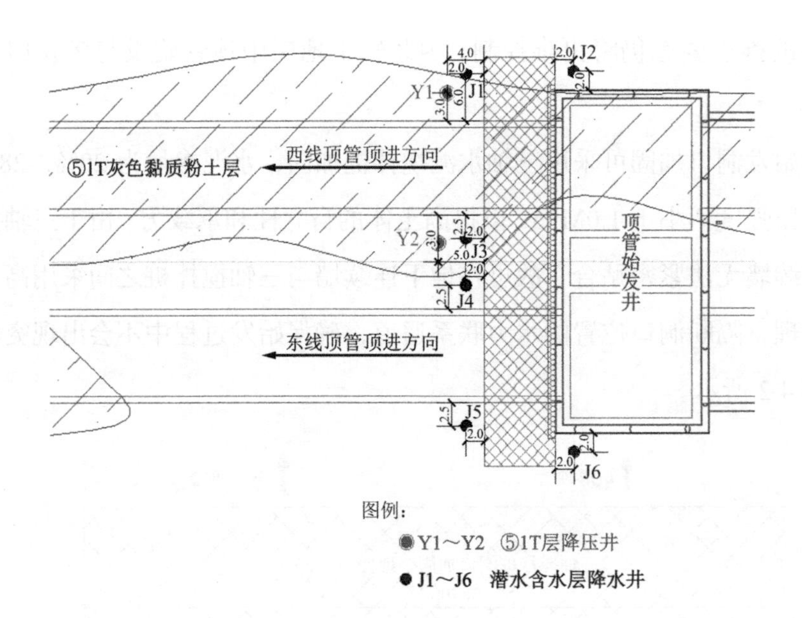

(a) 降水井平面图

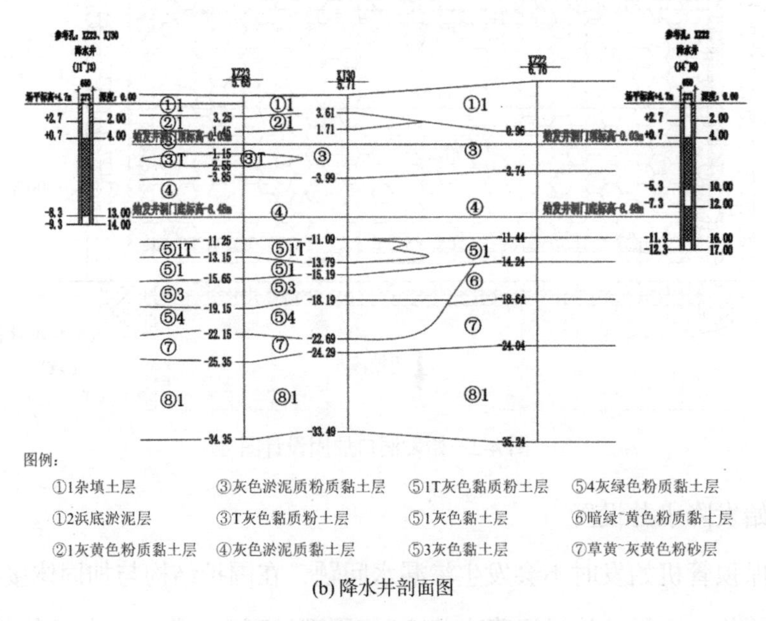

(b) 降水井剖面图

图 4-3 始发洞口降水井布置图

（3）洞口止水装置

顶管顶推施工过程中，顶管管节不断地从洞口顶入，在顶管施工的全过程，洞口密封都是顶管施工的薄弱环节，是事故发生的风险点，因此要确保洞口密封的可靠性。针对超长距离大断面顶管，洞口密封止水装置（图 4-4）的要求更高。

图 4-4　洞口止水装置

（4）导向及限位装置

一般洞口钢环底面与始发架导轨顶面之间存在约 15cm 的高差。为保证顶管按照设计轴线顶进施工，始发时应减小高程及水平偏差。

顶管始发之前，在洞口钢环底部设置 2 个导向装置，左右两侧各设置 1 个限位装置，如图 4-5 所示。其材料采用钢结构，宽度 25cm，长度约 2m。

（5）洞口打设水平探孔

洞圈范围内的围护墙凿除前，须打设水平探孔，探孔深度一般不小于 2m。根据取芯情况判断洞门外土体加固情况，如果加固区土体的自立性仍较差，则须采用注浆加固等措施进行补强。

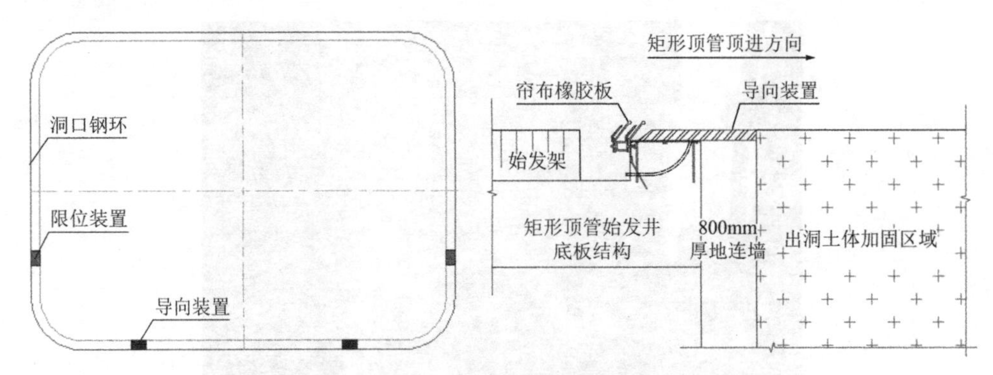

图 4-5　洞口导向装置及限位装置横、纵断面示意图

（6）洞口凿除

洞口取芯满足要求，顶管机下井组装调试完成后，进行洞门凿除。

洞门分三次进行凿除，首先使用风镐将洞门内围护墙的混凝土保护层（约5cm）凿除，然后割除内排钢筋，再粉碎性凿除槽壁 65cm，最后凿除剩余的10cm 混凝土、割除外排钢筋。洞门凿除顺序：由上至下；钢筋割除顺序：由下至上。

洞门凿除要连续施工，尽量缩短作业时间，以减少正面土体的流失量。整个作业过程中，对洞口上的密封止水装置应采取覆盖保护措施。

（7）止退装置安装

由于顶管在管节安装过程中，后部所有顶进千斤顶均要缩回，机头刚始发阶段，缺少管节摩阻力，顶管机及管节在切口土压力作用下容易后退，必须在顶管始发前安装止退装置，防止机头及管节后退造成的地面沉降。

3）始发顶进施工阶段控制措施

在始发顶进施工阶段，应采取如下控制措施。

（1）洞圈内空隙填充

当顶管机后置刀盘靠上加固区时，可采用顶管机前壳体上的压浆孔，向洞圈内空隙压入膨润土泥浆。同时，利用洞口止水装置箱体上的压浆孔注入油脂，油脂压注要均匀、密实，确保洞圈密封防水效果。

（2）土压力设定

机头后置刀盘靠上加固区后，通过顶管机胸板上的注浆孔，向土仓内压注膨润土浆液，建立平衡土压力。

土压力初始值为理论土压的约 0.7～0.8 倍，根据推力、刀盘扭矩、沉降报表和其他施工参数调整土压力值。

机头刀盘距出加固区约 1.0m，完全建立理论土压力。

顶管机出加固区后，为防止正面土质变化而造成顶管机头突然“磕头”，将平衡土压力值设定略高于理论值，并按地面沉降数据及工况条件及时调整平衡土压力的值。

（3）出土量控制

根据顶管机头及管节之间的间隙及各土层特性，合理控制出土量，实际出土量控制在理论出土量的 98%～100%，严禁欠挖和超挖。

（4）顶进速度控制

穿越加固区时，顶管顶进速度宜控制在 5mm/min 以内，确保顶管顶进压力以及刀盘扭矩不至于影响顶管机性能，保证顶管始发安全。穿越后加固区顶进速度宜控制在 1.5～2.0cm/min 之间。

（5）土体改良措施

穿越加固区时，利用机头胸板上及刀盘上的注浆孔，在顶管机头正面加入泡沫剂、水或膨润土浆液，以改良正面土体，使改良后的土体具有流塑性、保水性，便于螺旋机顺畅出土。

（6）顶管机防“磕头”措施

顶管机刀盘出加固区之前，前五节管节用钢板进行纵向刚性连接，并同时提高推进速度及正面土压力。防止顶管机出加固区“磕头”。避免造成顶管机与后续管节脱节、地面塌陷、姿态失控等现象。

（7）加强地面监测

顶进过程中加强地面监测。

2. 顶管接收风险及施工控制措施

1）顶管接收风险

除洞口加固不当、螺旋机堵塞、地面变形过大等风险之外，顶管接收还存在以下风险：

（1）无法接收

由于顶管顶进中姿态偏差较大而无法接收。

（2）接收时涌水、涌砂

如果接收洞口土体加固强度较低或未加固，可能导致洞口大量土体及地下水流入接收井内，造成洞口周围大面积坍塌。顶管穿越的土层为淤泥质粉质黏层、黏质粉土层，且潜水水位较高、含少量较高、透水性较好的情况下，在顶管接收时，须采取相应措施，降低往接收井内涌水、涌砂的风险，保证顶管顺利接收。

2）顶管接收准备阶段控制措施

在顶管接收准备阶段，应采取的措施有：

（1）接收加固及降水

接收端头加固区设置降水井，洞口加固及降水措施与始发相类似。

（2）导向装置及接收架安装

为确保顺利接收，首先复核接收洞门的标高，确认顶管机实际接收姿态，再设置导向装置及顶管机接收架，如图 4-6 所示。在接收洞口底部设置两道导向装置，导向装置低于机头底部 5mm，接收架低于导向装置 5mm。

（3）洞口打设水平探孔

洞圈范围内的围护墙凿除前，须打设水平探孔，探孔深度一般不小于 2m。根据取芯情况判断洞口加固土体的自立性。洞圈范围内设置 9 个水平探孔，采用米字形布置。

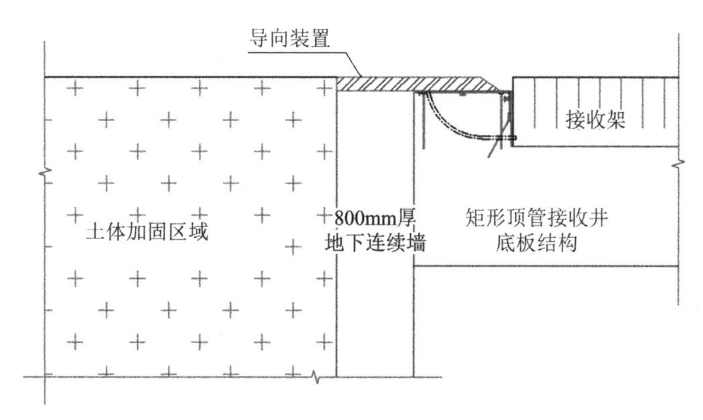

图 4-6　洞口导向装置及接收架纵断面示意图

3）顶管接收阶段控制措施

在顶管施工接收阶段，可采取的控制措施有：

（1）停止压浆、形成土塞

在顶管机到达距接收井 6m 后，开始停止第一节管节的压浆，并在其后的顶进中将压浆位置逐渐后移，保证顶管机接收前形成完好的 6m 左右的土塞，避免在接收过程中减摩泥浆的大量流失，造成管节周边摩阻力骤然上升。

（2）减小正面土压力

在顶管机切口进入接收井洞口加固区域时，逐渐减小机头正面土压力，注水减慢顶进速度，密切注意并调整出土量，确保每节管节出土量略多于理论出土量。

（3）降低顶进速度

在顶管机顶进至加固区域后，应降低顶进速度（顶进速度控制在 0.5～1cm/min），同时再次调低机头正面土压力，并适当向前舱注水，润滑切削面，使切削土体呈流动状态，利于出土。

（4）洞口凿除前测量复核

洞口围护墙凿除前，必须复核洞门中心坐标及高程，满足机头接收要求。

（5）接收洞门凿除

当顶管机逐渐靠近洞门时，要在洞门混凝土上开设观察孔，加强对变形和土体的观测，并控制好推进时的平衡压力值，以确保混凝土洞门凿除的施工安全。

4）顶管接收后控制措施

在顶管施工接收后，可采取的控制措施有：

（1）封堵洞门

顶管机头进入接收井后，始发及接收端，立即用钢板将管节上预留的钢环与钢洞圈进行焊接，要求必须满焊，所有焊缝须饱满。

（2）浆液置换

洞门封堵完成后，利用管节上的注浆孔，注入新型可硬性浆液，与管节外壁的减摩泥浆融合，实现浆液固化，从而提高隧道整体性及稳定性，减小工后沉降。

（3）管节间的嵌缝

顶管施工结束后，管节间的缝隙采用双组分聚硫密封膏填充。

（4）井接头制作

顶管隧道始发及接收端各设置 1 个井接头。顶管浆液置换及管节嵌缝完成后，及时进行井接头制作。

4.2.3 联络通道设计与施工研究

当隧道长度较长时，一旦发生火灾等灾害性事件，隧道内须配置完备的逃生疏散系统。通常情况下，交通隧道长度大于 300m 时，须设置隧道之间的横通道或者直通地面的逃生疏散通道。当矩形顶管隧道长度达到一定量值后，须考虑矩形顶管管节之间进行联络通道设计，该联络通道可实现相邻隧道之间的逃生疏散功能，也可实现隧道连通外部建筑物地下空间的功能。

1. 设计方法

矩形顶管隧道联络通道的设计主要有以下几种方法：

（1）小型顶管法

顶管法作为非开挖技术，基本施工流程为在需要设置联络通道的位置架设始发架，组装顶管机及反力装置，从工作井通过已完成的主线隧道运入管节，运用主顶千斤顶促使管节移动，直到接收端的主线隧道，从而形成联络通道。顶管施工对地面环境及交通基本不会产生影响，其在穿越较松软的土质地层、车流及人流量大的闹市区、施工范围建筑物较多等情况下具有明显的优势，目前在城市各类联络通道等工程中应用较多。如宁波、无锡、深圳地铁，香港屯门至赤鱲角隧道中采用了顶管法建设联络通道。但是，顶管施工需要的配套设备多、施工精度要求高，因此对施工管理要求更加高，施工作业要求更为严格。

（2）管幕暗挖法

管幕暗挖法通过预先打入较大直径的钢管，用超前管幕支护措施对掌子面岩体进行卸载，同时根据需要对掌子面岩体进行注浆加固，以减小掌子面挤出变形，从而减小开挖前预收敛变形，然后及时完成初期支护及二次衬砌并封闭成环。

管幕暗挖法为刚性支护体系，同时为有效利用钢管之间的土体微拱效应，隧道管幕暗挖法的管幕按非密排布置。刚性支护体系和微拱效应是本工法的最基本原理。管幕暗挖法整体刚性支护体系更为安全可靠，采取措施最大限度地控制围岩变形，确保地表构筑物安全；同时提倡大断面、短工序开挖，施工效率更高；管幕可局部、间隔布置，取消系统锚杆，缩短工期的同时可降低工程成本；技术经济优势明显。

该工法是一种应用广泛的地下工程暗挖技术，可有效用于地质情况复杂、地面沉降要求高、超浅覆土等情况下的地下结构建设。如港珠澳大桥珠海连接线拱北隧道口岸暗挖段、成都天府新区兴隆 86 路综合管廊下穿天府大道建设工程、广州地铁 21 号线天河公园折返线大断面双线暗挖隧道下穿黄埔大道及市政管线工程等。

（3）冻结法

冻结法加固地层的原理及一般过程为：利用人工制冷技术，在冻结孔中循环低温盐水，使地层中的水冻结成冰，将天然岩土变成人工冻土，在要开挖体周围形成封闭的连续冻土帷幕，使其弹性模量增大，进而增加冻土帷幕的强度与稳定性，以抵抗水土压力并隔绝地下水与开挖体之间的联系；然后在该封闭冻土帷幕保护下进行开挖与永久支护的施工。冻结帷幕是一种临时支护结构，永久支护形成后，停止冻结，冻结帷幕融化。

冻结法在地铁隧道工程应用中，就冻结管的布置方式而言，大致可分为两类，即水平冻结和垂直冻结。联络通道冻结法施工中经常采用水平冻结模式，水平冻结法已成功运用在上海地铁联络通道工程、南京地铁一号线某联络通道工程广州地铁二、八号线延长线工程南浦站—洛溪站区间联络通道等工程中。

冻结法安全性高，对环境污染小，适用于绝大部分复杂环境，在地铁隧道建设中取得了很好的效果。但人工冻结法也存在一定的弊端。相对于其他施工工艺来说，冻结法施工费用较高且工期较长；若土层中的水渗流流速较大，会影响冻结壁的形成，使冻土帷幕冻结厚度不均匀。由于地下空间的未知性，冻结法在施工中还存在很多的不确定性，可能引起冻结壁变形和地表冻胀危害等问题。

（4）明挖法

明挖法是软土地下工程施工中最基本、最常用的施工方法，具有施工技术简单、快速、经济，主体结构受力条件较好等优点，在没有地面交通和环境等条件限制时，可作为浅埋地下工程施工的首选方法。但其缺点也是明显的，如阻断交通时间较长，噪声与震动对周围环境影响大等。

2. 施工步骤

以上海市陆翔路-祁连山路贯通工程Ⅱ标联络通道为例对明挖法中相关基坑

围护、管节开孔预留和施工步骤进行介绍。

（1）基坑围护设计方案

本工程明挖段基坑开挖范围内无地下管线，基坑周边无重要建（构）筑物，基坑位于绿化带内。工程明挖段位于为公园河道回填区北侧，现状地面标高约 4.5m，基坑开挖以前按设计要求进行场地平整。考虑到两侧已建的顶管作为本次开挖的重点保护对象，基坑环境保护等级为一级，基坑安全等级为二级。

基坑围护方案如下：围护结构采用 ϕ800@1000 钻孔灌注桩，基坑短边方向桩长 20m，长边方向桩长 30m。基坑短边方向与顶管相接及两侧采用 ϕ2400@1700MJS 隔离加固并止水，MJS 桩长 30m，其中顶部 15m 为全圆，底部 15m 为半圆。基坑长边两侧采用双排 ϕ700@500 高压旋喷桩作为止水帷幕，如图 4-7 所示。

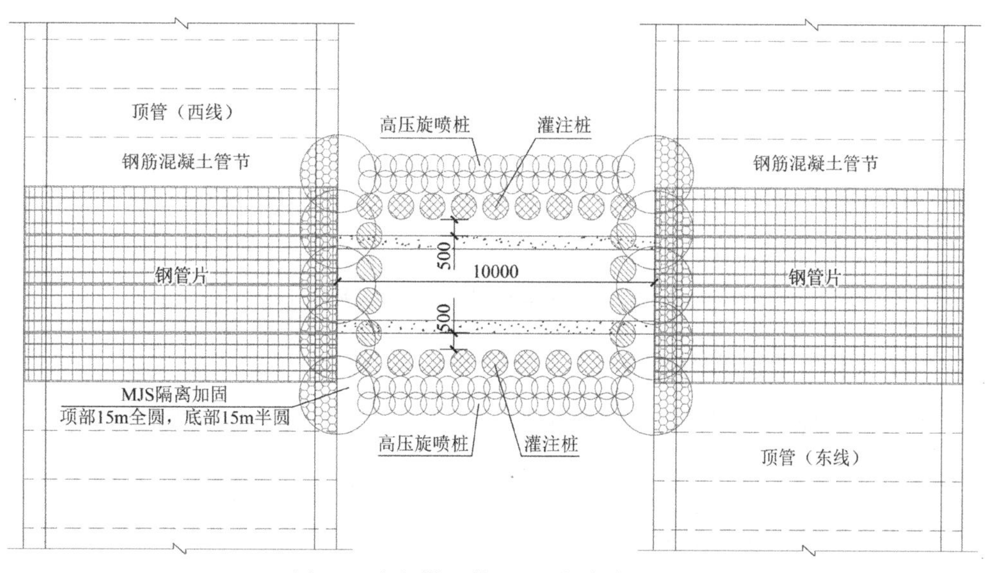

图 4-7　人行横通道基坑围护方案平面图

围护结构施工建议顺序：钻孔灌注桩→MJS 桩加固→高压旋喷桩加固。基坑施工应待顶管接收并完成泥浆置换，且顶管变形稳定（顶管结构连续 3d 竖向变形小于 0.5mm/d）后，方可进行基坑开挖施工。

基于安全可靠、经济合理、方便施工等原则，采用三道支撑，第一道为钢筋混凝土冠梁 + 钢筋混凝土支撑，第二道和第三道为双拼 H 型钢围檩 + 钢支撑，如图 4-8 所示。

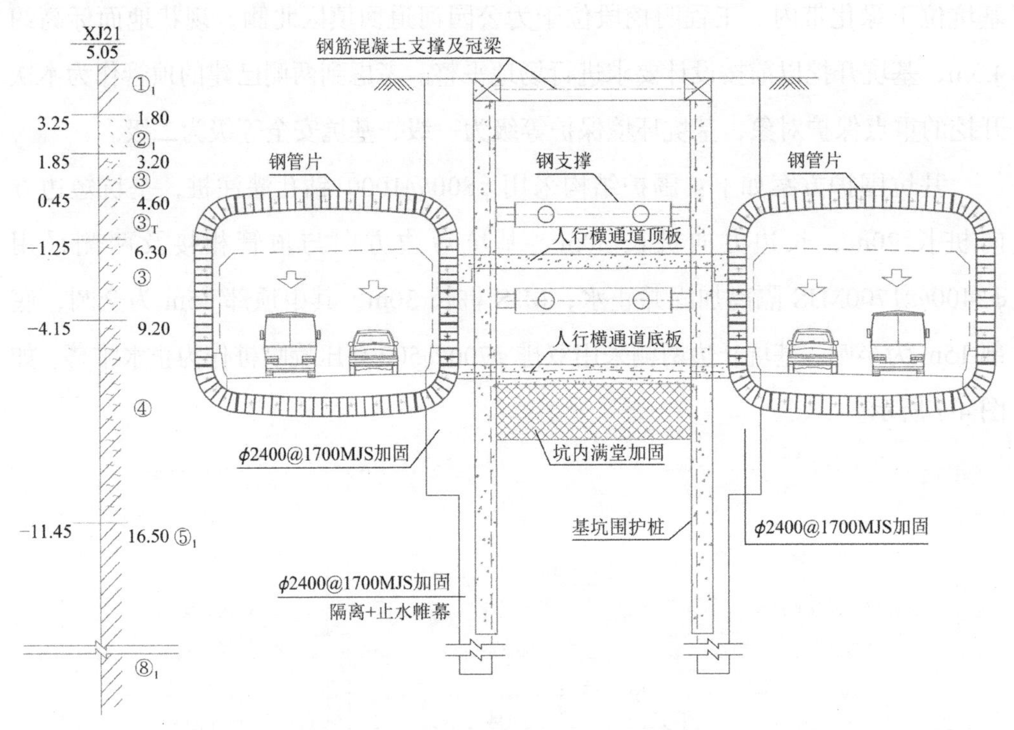

图 4-8　人行横通道基坑围护横断面图

（2）人行横通道结构施工

不同于常规矩形顶管钢筋混凝土管节，人行横通道范围内矩形顶管隧道东、西线各 4 节管节采用钢管节设计，其构造如图 4-9 所示。

钢管节开洞步序如图 4-10 所示。

①先实施第一片钢管节开洞，开洞完成后及时焊接第一道 H700 × 300 型钢支撑 A，支撑布置于第一片管节开洞端侧。

②结合监测数据，3d 后再进行第二片钢管节开洞施工，开洞完成后立即焊接第二道 H700 × 300 型钢支撑 B。

③根据监测反馈数据，待受力体系完成转换，建议至少两周后方可依次拆除临时 H 型钢支撑 A 和 B。

人行横通道施工步骤为：

①按设计要求开挖至基坑坑底，浇筑垫层。

②割断邻近顶管开洞侧两侧围护桩及 MJS 桩。

③浇筑人行横通道底板及侧墙。

④待结构混凝土强度达到设计要求后，拆除第三道支撑，割断临近顶管开洞侧顶板范围内两侧围护桩及 MJS 加固。

⑤浇筑人行横通道剩余侧墙及顶板结构，主体结构与围护墙间空隙采用 C20 素混凝土填充密实。

⑥拆除第二道钢支撑，回填覆土至地面。

⑦拆除人行横通道范围的钢管节 4 和钢管节 5，连通人行横通道。

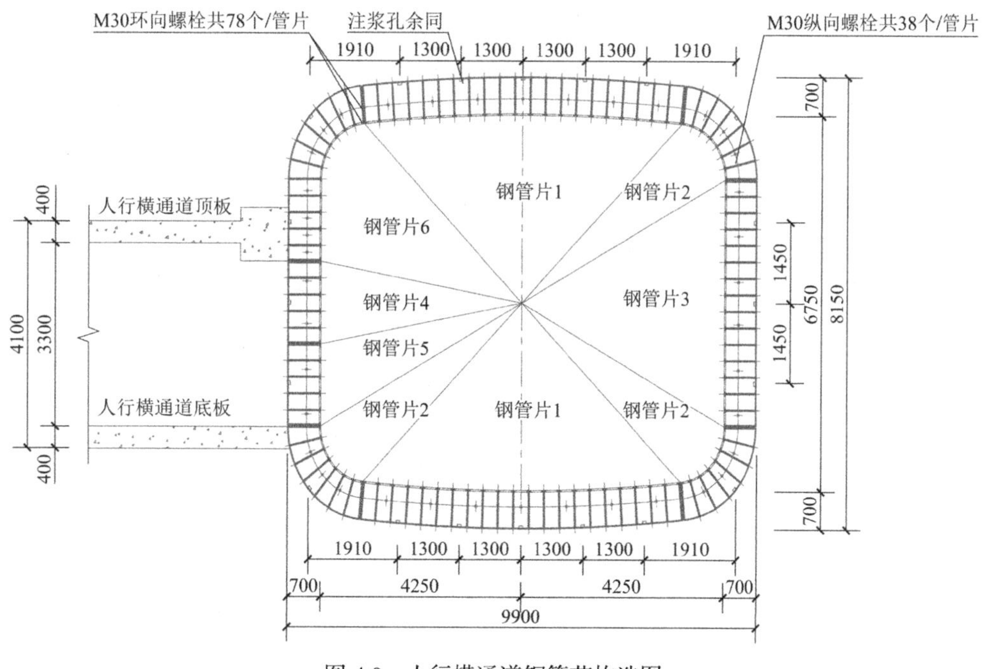

图 4-9　人行横通道钢管节构造图

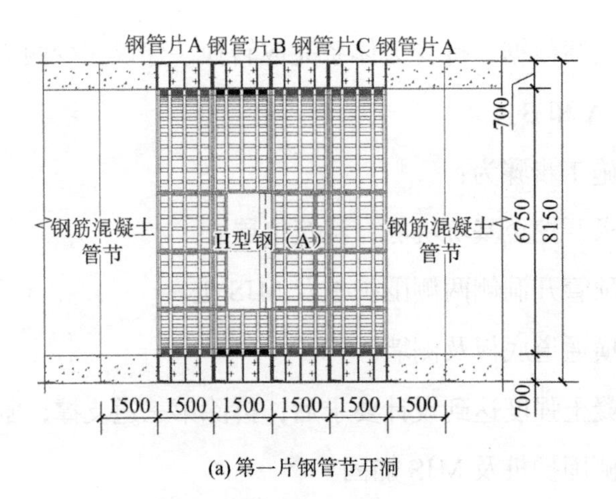

(a) 第一片钢管节开洞

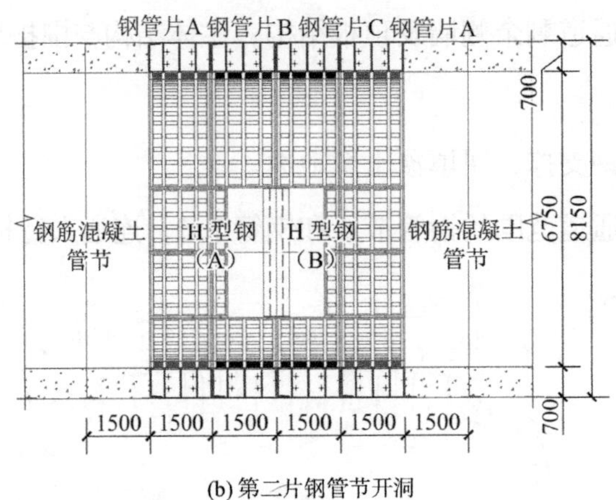

(b) 第二片钢管节开洞

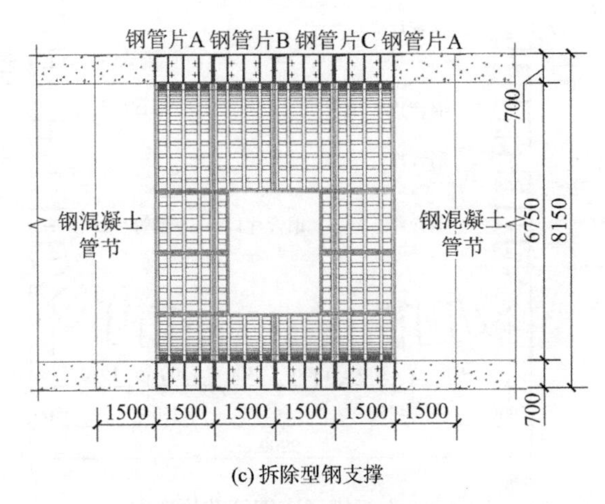

(c) 拆除型钢支撑

图 4-10　钢管节开洞步序

4.3　工程实践

4.3.1 工程概况

陆翔路-祁连山路是上海市域骨干路网中南北向的一条重要主干路，连接宝山、普陀、嘉定、长宁各区，贯通性好。祁连山路向南一直延伸至北翟路，陆翔路向北一直延伸至月罗公路，陆翔路-祁连山路的南北贯通，对于宝山西部区域南北向出行、大型居住社区对外交通疏解及均衡跨河节点和路网交通流量、降低沪太路交通压力，能够起到重要的作用。

经综合比选，陆翔路-祁连山路贯通工程地道采用“南桥北隧”方案，即先以桥梁形式上跨蕰藻浜，主线桥梁上跨顾陈路后落地，越过朱家弄河后以地道形式下穿 S20 高速以及顾村公园，并在镜泊湖路南侧接地，与镜泊湖路形成平面交叉，如图 4-11 所示。道路等级按城市主干路设计，设计车速 50km/h，车道规模为双向四车道。道路建筑限界车道宽度 3.50m，净空高度不小于 4.5m。

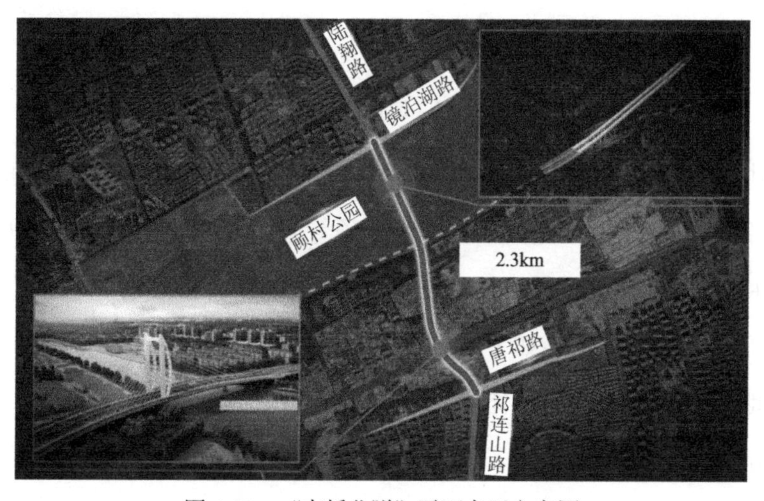

图 4-11　“南桥北隧”平面布置方案图

陆翔路-祁连山路贯通工程地道自 S20 高速南侧入地，下穿 S20 及顾村公园，于镜泊湖路南侧出地面。地道起讫里程 K2 + 160—K3 + 010，全长 850m。地道南、北两端明挖段起讫里程分别为：K2 + 160—K2 + 309、K2 + 780—K3 + 010。明挖段结构敞开段采用 U 形槽结构，暗埋段采用箱形结构。如图 4-12、图 4-13 所示。

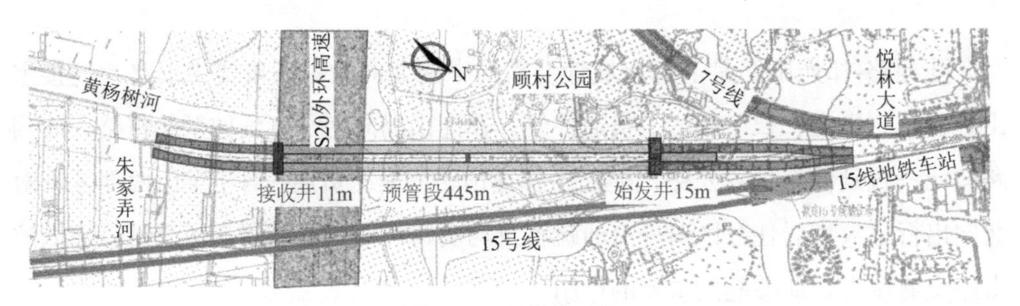

图 4-12　地道平面图

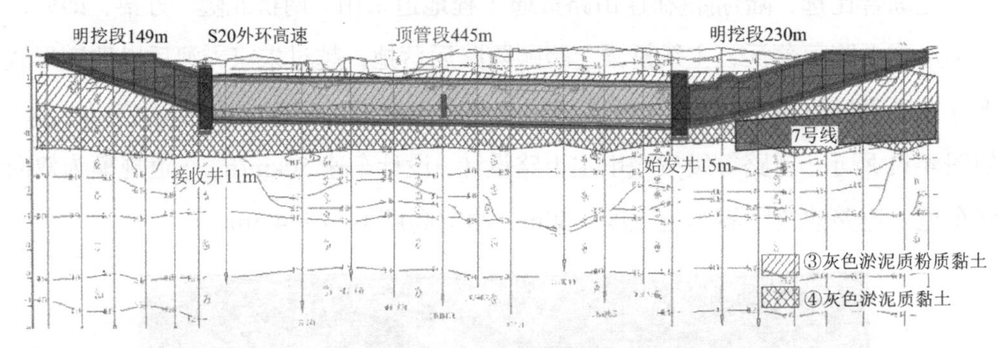

图 4-13　地道纵断面图

地道中间区段受 S20 外环高速道路保通要求及顾村公园环境条件限制，暗埋段下穿采用外轮廓尺寸 9.9m × 8.15m 矩形顶管施工（图 4-14），起讫里程：K2 + 320—K2 + 765，单向顶进长度达 445m，创造大断面矩形顶管工程世界纪录。

地道工程主要技术标准如下：

（1）地下通道结构设计工作年限为 100 年，结构安全等级为一级。

（2）抗震设防烈度为 7 度，设计地震分组为第一组，设计基本地震加速度值为 0.10g。

（3）地下道路等级：城市主干路，设计速度为 50km/h。

（4）汽车荷载等级：城-A 级。

（5）抗浮稳定安全系数：不考虑摩阻力时 ≥ 1.05，考虑摩阻力时 ≥ 1.1。

（6）结构裂缝控制等级为三级，最大裂缝宽度 ≤ 0.2mm。

（7）地下通道结构防水等级为二级。

（8）环境类别：二 a 类；环境作用等级：Ⅰ-B。

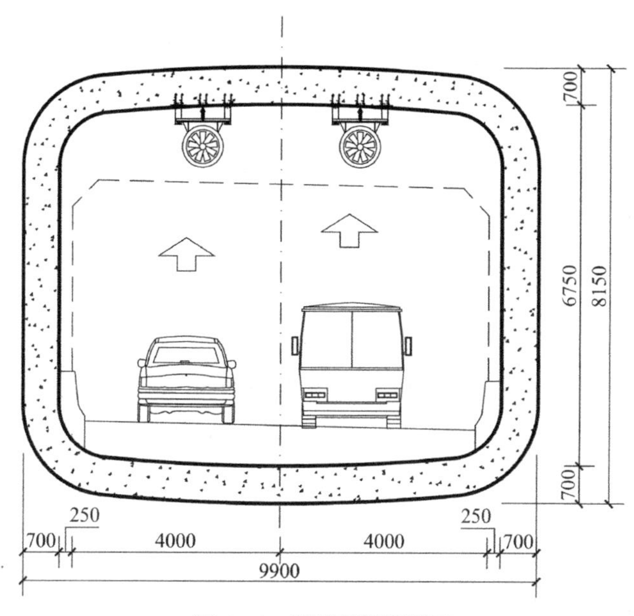

图 4-14　矩形顶管横断面

4.3.2 工程特点

本工程地道顶管采用类矩形断面预制管节，最大顶管覆土厚约 6.5m，全线覆土均较浅，周边条件非常复杂。本工程及其周边环境具有以下特点：

（1）顶管地道横断面较大，断面尺寸 9.9m × 8.15m，超过当时国内已实施的最大矩形顶管地道——郑州市下穿中州大道矩形顶管。且下穿 S20 外环高速区段顶管影响范围较长，若考虑 S20 外环高速及两侧各 1.5 倍开挖跨度作为顶管施工影响半径，纵向影响范围将达 70m 左右。

（2）受顶管接收井南侧道路展线限制，顶管下穿 S20 外环高速覆土厚度最小处仅 3.50m，约为 0.35 倍顶管跨度，与上海地区相关标准及以往工程经验建议的范围相差较大，工程实施难度大。

（3）顶管穿越地层地质条件差，主要为③层灰色淤泥质粉质黏土和④层灰色淤泥质黏土，局部穿越$③_T$层灰色黏质粉土夹层。穿越地层强度低，含水量高、渗透性差，压缩性高、灵敏度高，具触变性和流变性，周边环境易受扰动。

（4）S20 外环高速变形控制要求严格，经与保护部门沟通，要求在路面保通的条件下将地道顶管施工对路面的变形影响控制在 30mm 以内。

（5）S20 外环高速两侧重要管线众多，其中南侧存在 1 根 ϕ1400mm 给水管，北侧存在 1 根 ϕ800mm 次高压燃气管线，尚有多根通信及电力管线。因此，本工程顶管浅覆土下穿 S20 外环高速风险高、难度大。参考以往顶管施工经验及数值方法预测，顶管施工前需采取加固措施，以确保 S20 外环高速及周边管线运营安全，并为顶管下穿 S20 外环高速时提供紧急情况下的安全保障。

4.3.3 工程关键节点

1. 顶管近距离下穿城市高速施工及风险控制

本工程下穿 S20 外环高速地面段，顶进过程中，S20 高速正常运行。且 S20 路面距顶管顶部路肩位置仅 3.3m，距路拱位置约 4.0m。因此，顶管下穿 S20 时的地面变形控制是本工程施工的关键。

顶管施工期间，为保证 S20 外环高速顺利运行，在施工过程中尽可能减小路面变形，累计变化量不超过 ±30mm。

1）钢管幕保护施工措施

为降低顶管施工对 S20 的影响，在顶管及 S20 之间采取钢管幕保护措施，钢管幕的里程桩号为 K2 + 320—K2 + 405，采用 ϕ824mm 壁厚 12mm 的钢管，相邻钢管之间的中心间距为 1100mm，相邻钢管之间的孔隙为 276mm。钢管共 26 根，东西两侧各 13 根，单根长度为 86m。钢管幕施工完成后采用 C25 混凝土充填。

钢管幕顶部距 S20 约 2.18～2.83m，钢管幕底部距顶管顶部为 30cm，如图 4-15、图 4-16 所示。

2）下穿 S20 外环高速技术措施

为了保证顶管机以最佳状态穿越本区段，在施工开始前，对顶管机主机和后配套设备进行全面检查、保养和维修，主要包括：顶管推进系统、螺旋机出土系统、液压系统、电气控制系统和后配套辅助系统。

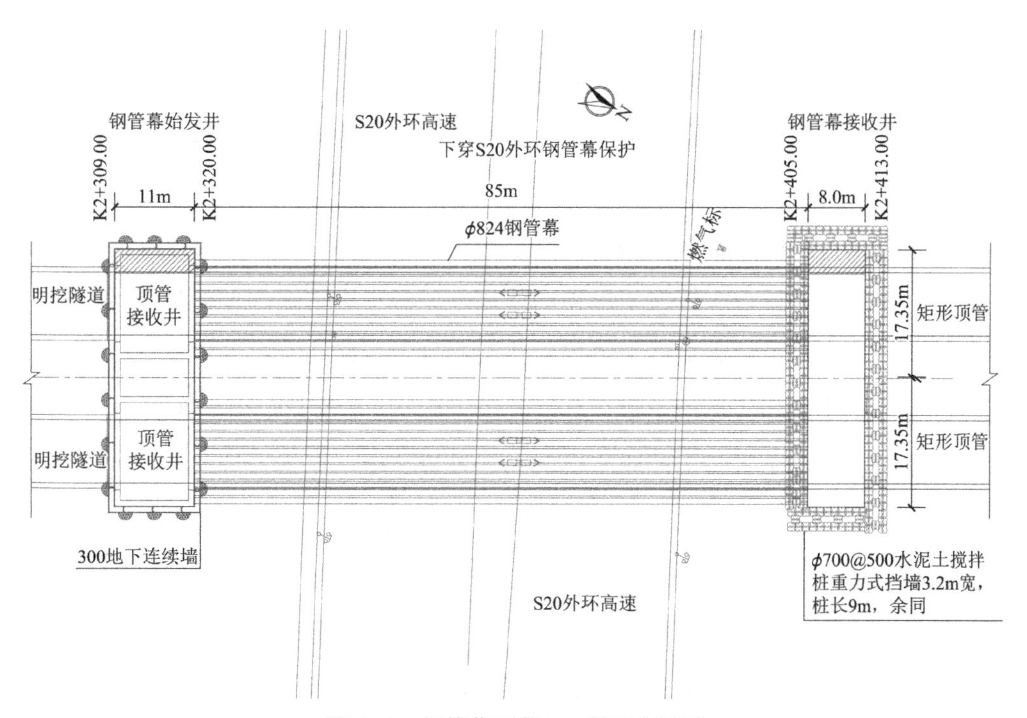

图 4-15　钢管幕下穿 S20 平面布置图

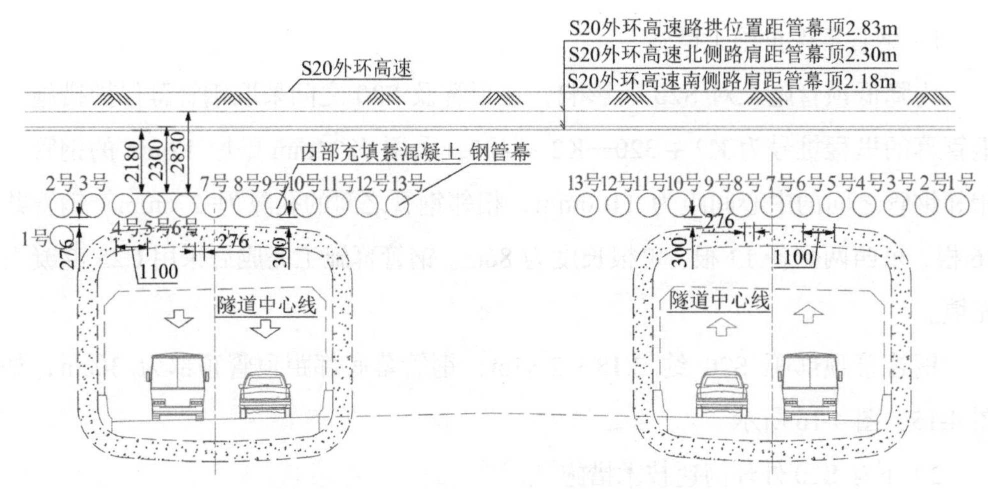

图 4-16　穿越 S20 钢管幕横断面图

在穿越段采取如下施工措施：

（1）在顶管进出 S20 前后，先确定 S20 的准确里程；在顶管切入 S20 前后，根据覆土厚度、监测数据及时调整土仓压力的设定值，减少对土体的扰动。

（2）制定合理的监测方案，加强沉降监测。在顶管穿越期间，每 4h 进行一次测量，必要时进行 24h 跟踪监测。采用先进的通信手段将测量结果及时、准确地汇报给施工技术部门。

（3）穿越过程中的轴线纠偏要做到“勤测、少纠”，避免大幅度纠偏。同时要切实做好顶管推进过程中铰接千斤顶的使用，以减小因轴线纠偏而形成的土体超挖量，避免因超挖量过大造成土体损失或引起过大沉降。

（4）施工中严格控制出土量，避免过量超挖，以免引起正面土体失稳、坍塌。同时严格控制与出土量有关的施工参数，如推进速度、总推力等。推进速度以保持 1.0～1.5cm/min 为宜。穿越中尽量减少顶管纠偏量，使顶管均衡匀速施工，以减少顶管施工对 S20 路基路面的影响。

（5）在穿越 S20 外环高速时合理控制注浆量，既不能因过少而造成路面大幅沉降，也不能因过多而造成路面隆起。严格控制推进注浆量和浆液质量，通过推进注浆及时充填建筑空隙，减少施工过程中的土体变形，推进注浆量可根据实际情况适当增加。

（6）顶管在推进时严禁后退，确保顶管刀盘对正面土体的支护作用。

（7）根据监测情况，在必要时进行壁后二次补压浆，浆液采用双液浆。另外，可在穿越段的管节增加注浆孔，提高周边土体的强度和稳定性。

（8）配备足够的维修人员 24h 值班，及时处理顶管设备的故障，确保顶管顺利穿越。

为防止冒顶，采取如下技术措施：

（1）严格控制出土量，原则上按理论出土量出土，可适当欠挖，保持土体的密实。

（2）若因出现机械故障或其他原因造成顶管停推，及时采取措施防止顶管后退。

（3）严格控制注浆压力，以免注浆压力过高而破坏覆土。

采取如下监测措施：

（1）地表及土体监测。在穿越 S20 外环高速前，设置若干土体深层监测点，通过土体深层监测点的沉降数据指导施工参数的设定和注浆的措施。

（2）S20 的监测。在 S20 道路上及周边设置直接监测点，监测道路的沉降。

2. 近距离穿越公园有轨电车变形控制研究

顾村公园内有轨电车为公园内人流量较大的娱乐设施之一，轨道改迁前部分区间位于顶管西线上方。考虑顶管施工对有轨电车的影响，从运营安全角度出发，施工前对顶管上方路段有轨电车（轨道及其地下结构）进行了改道新建，但由于受公园内规划限制，新迁位置仍紧邻陆顶管西线西侧，最小距离仅 5.6m，如图 4-17 所示。有轨电车轨道周边为了配合一年一度的樱花节又新增和扩建很多重要设施，各种设施均有着较高的使用率，涉及游客众多。因此，公园管理方对顶管近距离穿越公园有轨电车变形控制要求极高。

考虑顶管覆土厚约 5.1m，埋深较浅，断面大，穿越地层主要为③$_T$层黏质粉土、④层淤泥质黏土，土质差、压缩性高、强度低、灵敏度高，施工扰动影响明显。根据该区段顶管东线施工监测反馈，顶管掘进过程中，地表最大沉降60mm，扰动影响明显区域位于顶管正投影范围，超过投影范围后地面变形曲线曲率变缓，如图4-18所示。综合分析取顶管外侧1D（10m）范围为顶管主要扰动影响区域。

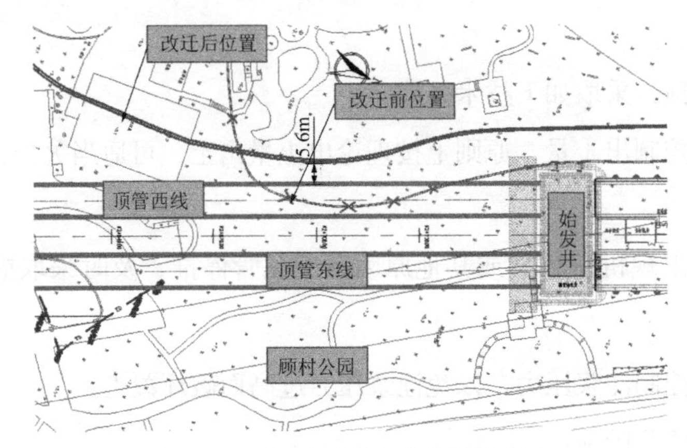

图4-17　顶管与有轨电车位置关系图

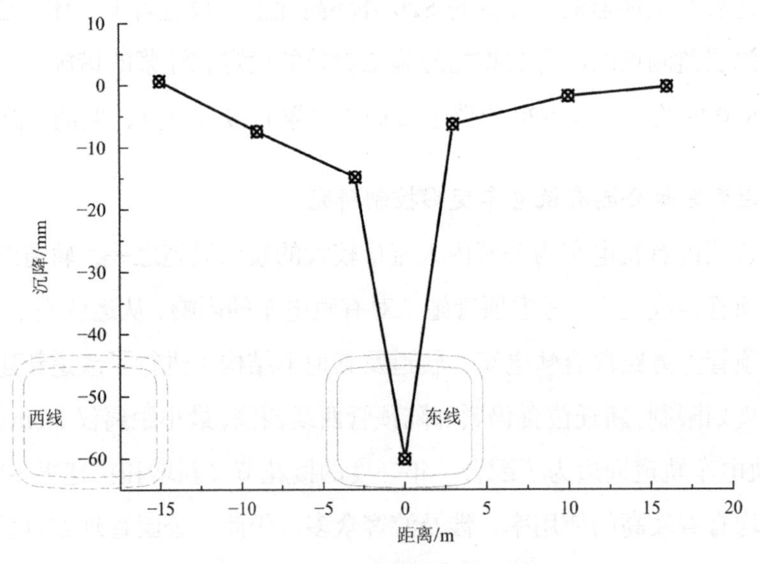

图4-18　顶管东线掘进地表沉降图

因此，根据东线顶进监测数据，推测改迁后部分有轨电车轨道仍将位于顶管西线主要扰动影响区。参考以往类似盾构工程侧穿案例，确定西线顶进前对施工影响区段临近有轨电车一侧采取MJS隔离加固。根据扰动影响程度，从工程安全性和经济性角度出发，顶管隔离加固范围为顶管外边线1.5*D*，对小于1*D*范围内的区段采取MJS全幅加固，对1*D*～1.5*D*范围采取MJS半幅加固，平面布置如图4-19所示。

根据监测反馈，西线顶管掘进完成后，有轨电车附近变形小于0.5mm，变形控制良好，MJS加固作用效果明显，可通过隔离加固减小周边地层扰动，控制顶管近接对周边敏感建（构）筑物的影响，如图4-20所示。

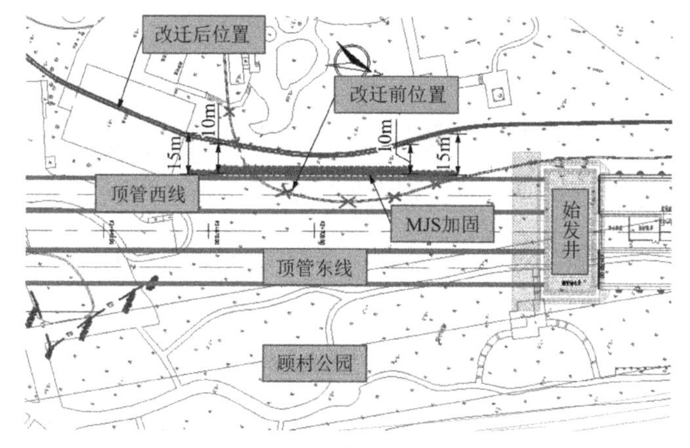

图4-19　MJS隔离加固平面布置图

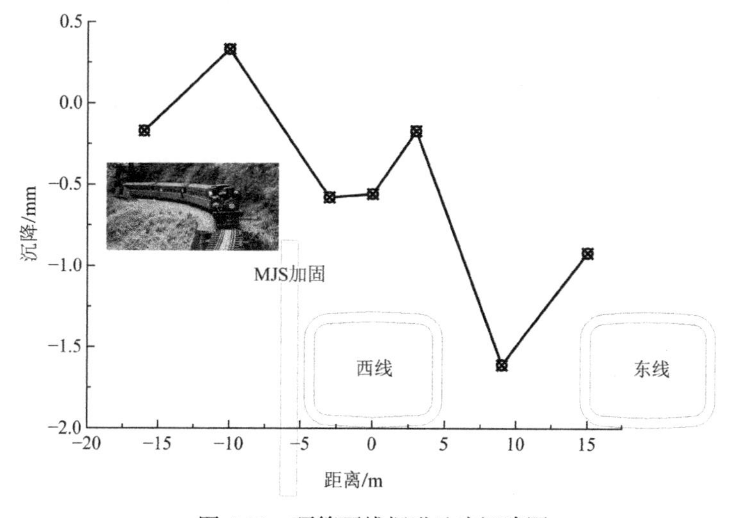

图4-20　顶管西线掘进地表沉降图

3. 顶管近距离下穿河道抗浮方案研究

本工程顶管段全长445m，下穿S20外环高速及顾村公园内绿地、河浜，其中S20两侧及顾村公园内合计约340m长的范围内顶板以上覆土较浅，非过河段最小覆土厚约2.4m，过河段覆土最浅处几乎零覆土，无法满足施工期间顶管安全顶进要求，且有部分过河段覆土无法满足顶管运营期间抗浮要求。因此，顶管顶进阶段需要考虑临时抗浮措施，范围约340m；顶管运营阶段需要考虑永久抗浮措施，范围为两处过河段，长约124m。

（1）施工阶段抗浮

下穿河道处及周边属于超浅覆土段，浅覆土厚度不满足顶管施工期间和运营期间结构抗浮要求。顶管施工时，覆土厚度如无法满足其施工安全要求，可将该段回填或部分回填，如回填河道，可待顶管施工后再恢复河道。为满足施工安全，对于超浅覆土段，有条件的应增加抗浮荷载，加载至覆土厚5.5m，可满足长期使用抗浮要求，加载区域如图4-21所示。

拟建地道与顾村公园现状河道的关系如图4-22所示。

为满足下穿河道段顶管施工要求，需将河道部分回填，采用在地道两侧的河道围堰截流，将围堰区域内的河道覆土回填至5.5m厚并压实，满足顶管施工要求后进行地道顶推施工的措施，围堰及河道回填区域如图4-23所示。

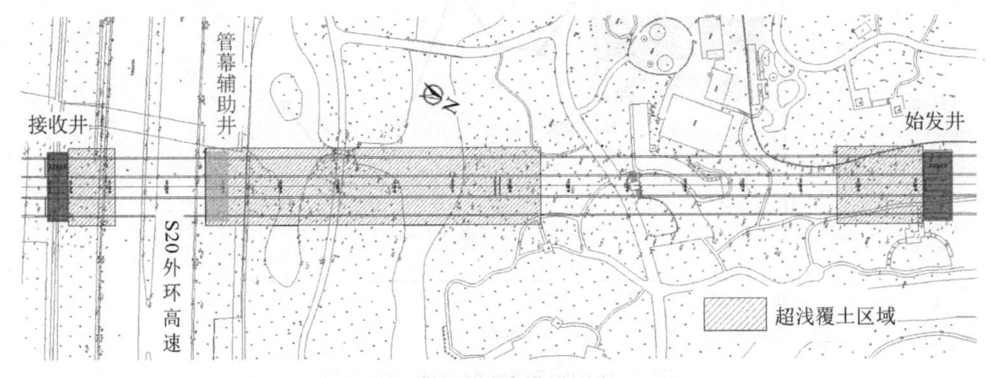

(a) 超浅覆土段加载平面图

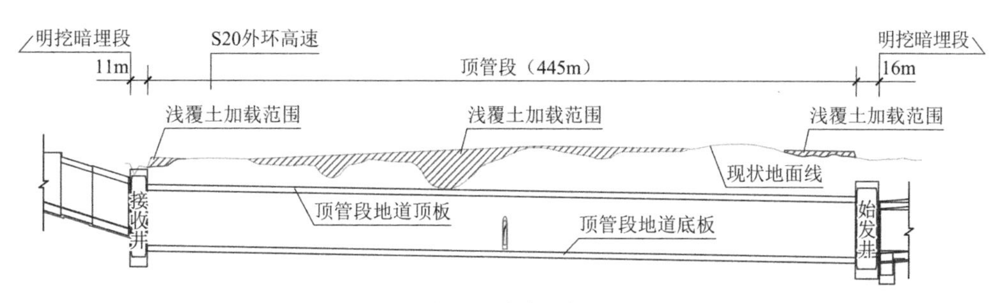

(b) 超浅覆土段加载纵断面图

图 4-21　超浅覆土段加载覆土平面及纵断面图

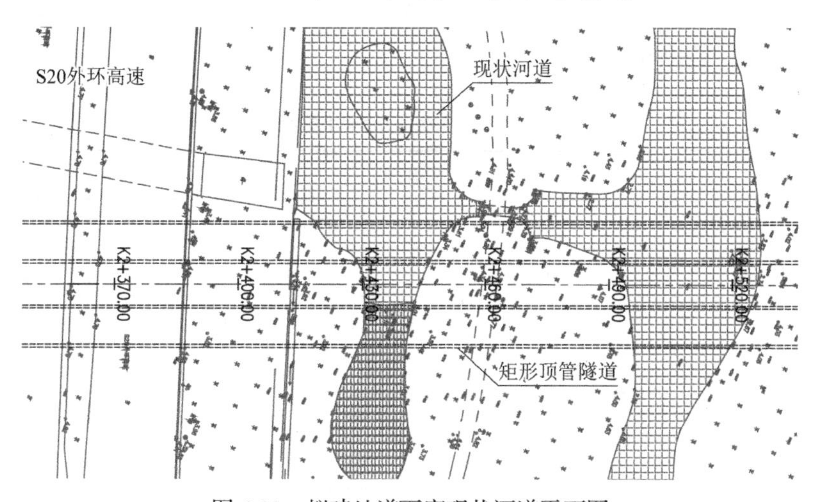

图 4-22　拟建地道下穿现状河道平面图

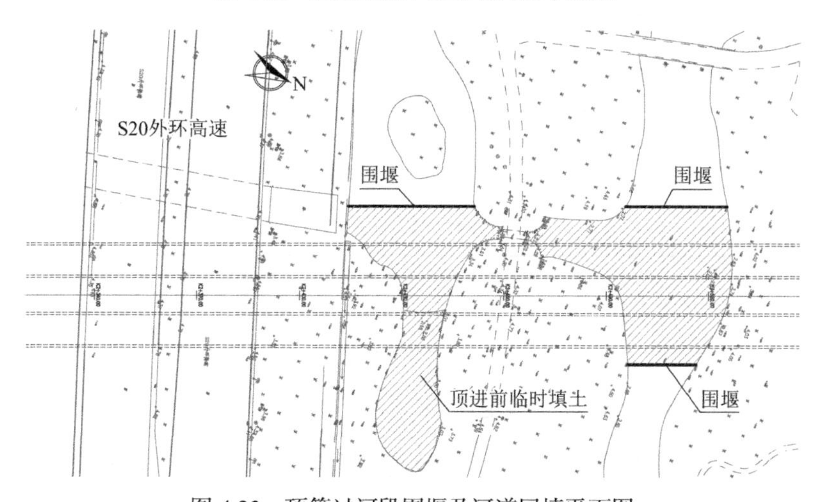

图 4-23　顶管过河段围堰及河道回填平面图

由于顶管施工完成后需恢复河道，为满足顶管过河段的抗浮要求，采用抗浮梁 +ϕ800mm 抗浮桩的抗浮措施，同时对河床底采取抛石挤淤措施，增强过河段顶管地道的整体性和抗浮能力。

（2）使用阶段抗浮

顶管段地道沿线覆土较深，一般不需要采用抗浮措施；对于部分覆土不足区域，采用填土压实的方式增加该部分区域覆土厚度，以通过抗浮验算。经计算，为满足自重抗浮要求并考虑到长期抗浮的安全系数，覆土厚度应至少为 1.5m。顶管段地道抗浮计算结果见表 4-1。

顶管段地道抗浮计算结果 **表 4-1**

结构信息			
结构总宽/m	9.9	结构总高/m	8.1
顶板厚度/m	0.7	底板厚度/m	0.7
侧墙厚度/m	0.7	抗浮计算水位/m	0.5
地道抗浮计算			
混凝土重度/（kN/m^3）	覆土重度/（kN/m^3）	水重度/（kN/m^3）	铺装重度/（kN/m^3）
25	18.5	10	23
结构长度/m	结构宽度/m	结构横断面/m^2	结构外包面积/m^3
1.5	9.9	20.26	72.46
覆土高度/m	铺装厚度/m	铺装截面积/m^2	埋置高度/m
1.5	—	5.46	9.6
箱体自重/kN	覆土自重/kN	铺装重量/kN	其他重量/kN
760	264	188	0
$\sum G$/kN	浮力 F/kN	抗浮安全系数 $K_f = \sum G/F$	
1212	1086.9	1.115	

抗浮安全系数 $K_f > 1.05$，满足抗浮验算要求。

对于过河段顶管地道，不能采用覆土加载的方式，因此采用抗浮梁 + 抗拔桩的抗浮方式，如图 4-24 所示。

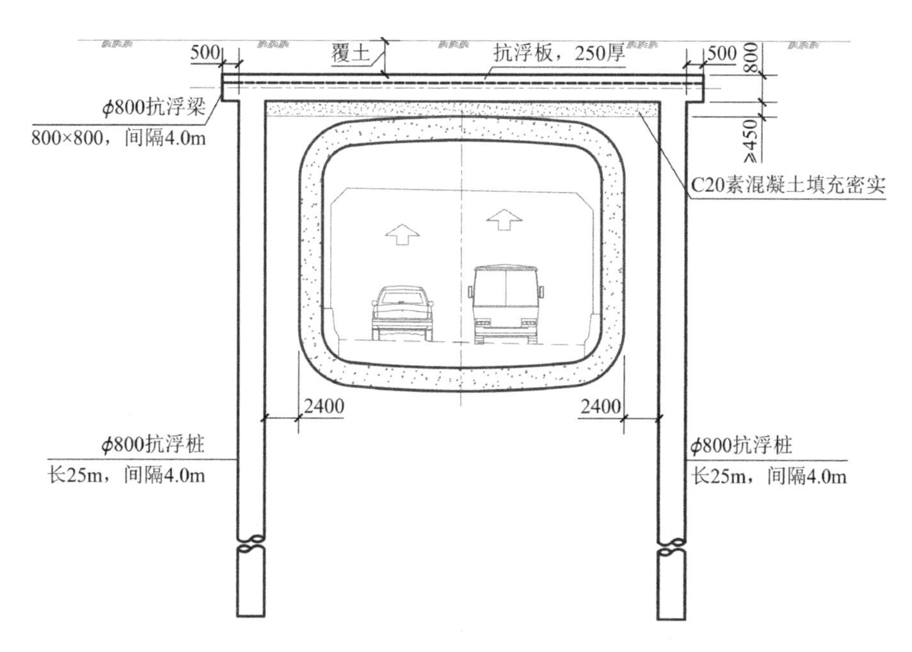

图 4-24　顶管过河段横断面示意图

顶管过河段地道的结构顶板距河床底部约 1.0m，考虑当地地质条件，采用直径 800mm 抗拔桩，单根抗拔桩长 22m，桩间距 4.0m，在抗浮桩处设置 0.8m × 0.8m 抗浮梁，同时采用抛石挤淤对河床基底进行加固，增强抗浮整体性，抗浮桩抗浮计算结果见表 4-2。

抗浮桩抗浮计算结果　　　　表 4-2

结构信息			
结构总宽/m	9.9	结构总高/m	8.1
顶板厚度/m	0.7	底板厚度/m	0.7
侧墙厚度/m	0.7	抗浮计算水位/m	0.5
抗浮桩抗浮计算			
混凝土重度/（kN/m³）	覆土重度/（kN/m³）	水重度/（kN/m³）	铺装重度/（kN/m³）
25	16.0	10	23
结构长度/m	结构宽度/m	结构横断面/m²	结构外包面积/m³
1.5	9.9	20.26	81.000

续表

抗浮桩抗浮计算			
覆土高度/m	铺装厚度/m	铺装截面积/m^2	埋置高度/m
1.00	0.50	5.46	9.100
箱体自重/kN	覆土自重/kN	铺装重量/kN	其他重量/kN
760	163	188	0
$\sum G$/kN	浮力 F/kN	抗浮安全系数 $K_f = \sum G/F$	
1111	1086.9	1.02	

抗浮安全系数小于 1.05，因此节段自重抗浮不满足设计要求。每 1.5m 标准节段所需抗拔力 $F_t = 1086.9 \times 1.05 - 1000.8 = 140.44$kN。经计算，单根抗拔桩的抗拔承载力至少为 550kN，抗拔桩在每 1.5m 标准节段可提供 275kN 抗拔力，考虑抗拔桩后的抗浮安全系数为 $1386/1086.9 = 1.28 > 1.05$，满足抗浮要求。

4.3.4 工程实施

本工程建设单位为上海市宝山区政府重大工程建设项目管理中心，由上海隧道股份集团总承包施工，上海市政工程设计研究总院（集团）有限公司设计，上海斯美科汇建设工程咨询有限公司负责监理，上海重远建设工程有限公司负责矩形顶管专业分包，项目自 2019 年 8 月开工建设，建设关键时间点如下：

2019 年 8 月 27 日，顶管 128t 门式起重机安装；

2019 年 10 月 28 日，东线顶管始发（顶管机械如图 4-25 所示）；

2020 年 5 月 25 日，东线贯通；

2020 年 7 月 17 日，西线顶管始发；

2020 年 11 月 17 日，西线贯通；

2021 年 6 月 28 日，正式通车。

图 4-25　顶管机械“宝山先锋号”

本工程矩形顶管日均顶进速度 3.7m，最大顶推力 6600t，S20 最大地表沉降 22mm，摩阻系数约为 1.5～3.0kN/m^2。

4.4　本章小结

本章对超长距离矩形顶管隧道的设计与施工方案进行了研究，并在上海市陆翔路-祁连山路贯通工程Ⅱ标地道中进行了实践应用，主要得出了以下结论及建议。

（1）根据顶管顶进过程中所克服的阻力确定最大顶进力，根据顶进设备能力、管节受压承载力及后靠背承载力确定允许顶力，并选取合适的后靠背形式进行设计。

（2）顶管始发与接收施工是顶管施工的重大风险源，通过始发与接收合理的加固、导轨控制等措施，在超长距离顶进过程中保证洞口止水效果及顶推姿态可控。

（3）结合联络通道设计，在矩形顶管中对应位置设置钢管节，在顶进完成后采用明挖工法，通过合理可控的钢结构拆建，形成了两隧道间的联络通道。

（4）建立了长距离大断面矩形顶管下穿敏感节点（含 S20 外环高速、顾村公园有轨电车等）环境保护控制技术。采用无锁扣钢管幕隔离技术，实现超浅覆土顶管下穿 S20 外环高速无中断运营施工；采用 MJS 加固隔离及精细化控制，实现超浅覆土顶管下穿顾村公园有轨电车无中断运营施工。顶进中采取了全方位控制措施，包括顶管配套设施调试、始发接收加固与降水、洞口止水、铰接纠偏、防磕头、轴线实时测量、旋转偏差控制、纵向螺栓连接等措施，确保了 445m 超长距离矩形顶管精准隧道的顺利贯通。

第5章

超大断面矩形顶管隧道设计

5.1　研究背景

根据调研，当前国内使用顶管工法施工城市隧道已有了许多成功经验。如上海、武汉、南京、重庆等城市已有多条使用顶管法施作城市隧道的工程案例。为满足施工的要求，近期国内的矩形顶管法隧道都采用了土压平衡顶管机。大断面矩形顶管隧道以两车道、宽度为 10m 级的断面为主，大断面矩形顶管顶进技术在管节设计、施工技术与机械设备等方面，可向圆形顶管以及中小断面矩形顶管借鉴经验。随着矩形顶管断面的进一步扩大取得了显著进展，更大的三车道、宽度为 15m 级的超大断面隧道需要有突破性技术作为支撑。超大断面矩形顶管呈现断面大、管节重、覆土浅的显著特点，随之面临施工场地布置困难、管节受力复杂、掌子面稳定困难、施工背土加剧、顶管始发及接收风险高等系列难题，需要从设计、施工、装备三个方面开展系列技术研究。

5.2　超大断面矩形顶管隧道关键技术研究

5.2.1 施工场地布置设计

1. 总体布置

15m 级三车道矩形顶管管节尺寸大，往往无法满足城市道路的运输标准，通常需要在现场预制，在项目筹划阶段需要考虑施工场地的相关布置。通常施工场地主要分为四个部分，分别为钢筋加工区、管节预制区、办公区（展厅）以及生活区。以嘉兴市市区快速路环线工程（一期）的施工场地为例，地道主线上方主要为管节预制区，管节预制区北侧为钢筋加工区，生活区位于钢筋加工区东侧，管节预制区南侧为办公区（文化展厅）。预制场布置 2 个钢筋笼胎架、2 套管节台架、2 个管节养护基座、18 个管节堆放位置（3 层堆放，共 54 节）、1 台桁架式门式起重机（预制场）、1 台包厢式门式起重机（始发井），如图 5-1 所示。

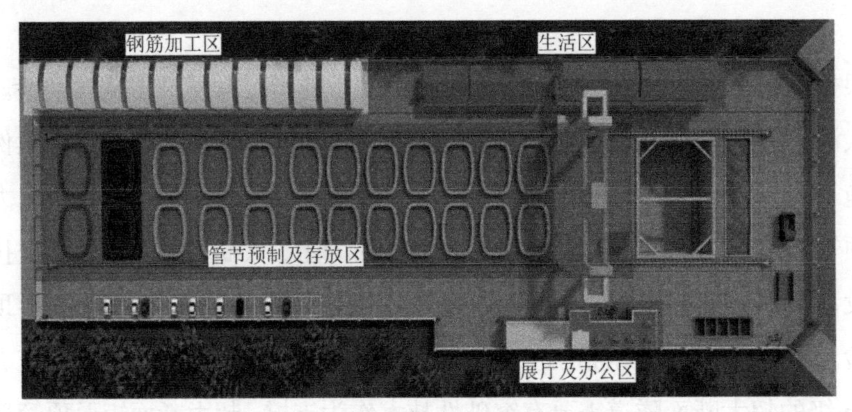

图 5-1　管节预制场平面布置图

2. 管节预制区总体布置

（1）预制区总体布置

预制区布置在始发场地西侧，整体放置在线路上。钢筋笼加工、混凝土管节预制、养护堆放、翻身架、始发台拼装区呈线性布置，可减少过程转运，实现准确快速的流水线作业。

（2）门式起重机基础

在软土地区，需要对门式起重机行走区进行地基加固。管节预制施工场地设置 200t 门式起重机，作为垂直运输工具，主要负责顶管及管节下井安装、管节预制和养护等作业。门式起重机基础采用钢筋混凝土结构，200t 门式起重机基础结构断面为 1.4m × 1.4m，结构形式见图 5-2。

（3）管节模具布置安装

投入管节预制模板 2 套，采用特种钢材和精密机床加工，预制能力为 3 环/2d，台座寿命能够满足项目全部管节生产需求。

在钢筋笼安装前，必须对台座进行清理，除去杂物及混凝土渣，以保证钢模洁净及尺寸精度。清模可使用较柔软的布除去污渍，保持台座表面光滑及洁净；利用喷雾器和洁净的抹布把脱模油涂在台座内，涂脱模油时必须均匀，避免脱模油不足或过多；在台模上完成钢筋笼组装，经检查合格后，使用特别设计的吊具把钢筋笼吊进钢模内，吊入模具前，在钢筋笼内弧面及四侧面按照规定的位置安装保护层支凳和飞轮。管节模具如图 5-3 所示。

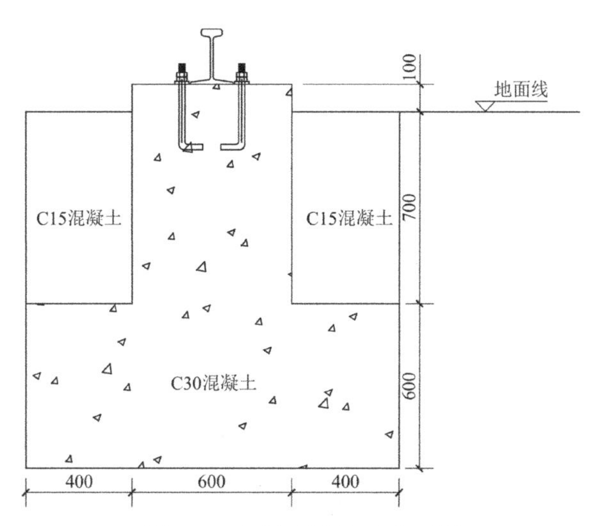

图 5-2　门式起重机基础剖面图

图 5-3　管节模具

3. 管节翻身及拼装场地布置

管节在地面安装止水密封、涂蜡、安装木垫板后，用水平吊具将管节吊运至翻身架处插销固定，利用管节翻身架将管节翻转 90°，翻身完成，吊运下井安装。管节翻身流程见图 5-4。

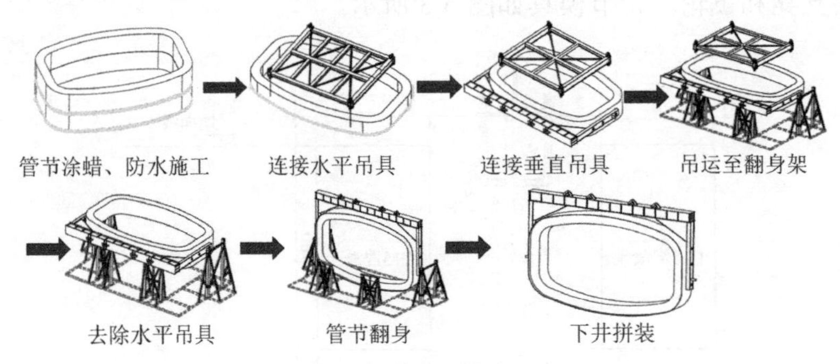

图 5-4　管节翻身流程

翻身架与垂直吊具在工厂整体加工、成型后，在施工现场进行组装。

翻身架现场组装：首先绘制定位图，测量组按照定位点进行放样。在左、右翻身架上均对称设有定位槽，吊臂上的翻身轴和支撑轴分别与翻身架上的定位槽相配合。管节在翻身架上处于初始状态时，翻身轴和支撑轴分别位于相应的定位槽中，其中翻身轴位于支撑轴下方。在翻身过程中，支撑轴脱离定位槽，旋转轴在定位槽中旋转，实现管节的翻身。

垂直吊具现场组装：运输至现场的垂直吊具分为 3 块，现场进行拼装后进行焊缝检测和螺栓扭力试验，试验合格后投入使用。翻身架定位及安装定位见图 5-5。

在门式起重机小车上安装激光定位发射装置，始发台上安装激光定位接收装置，发射装置触发接收装置后，小车将停止移动。由于顶管翻身架与线路中心线在同一断面上，水平运输过程中无需移动门式起重机小车，只需将两个吊钩提升重量调整为一致即可。大车限位触发后，微调小车，将进行精准定位，使得两个小车分别触发接收定位装置。门式起重机小车缓缓下钩，两个小车下钩时务必缓慢。下降至距离始发台 15cm，停止下降，再次使用定位装置精准调整。限位装置布设及吊装精准安装见图 5-6。

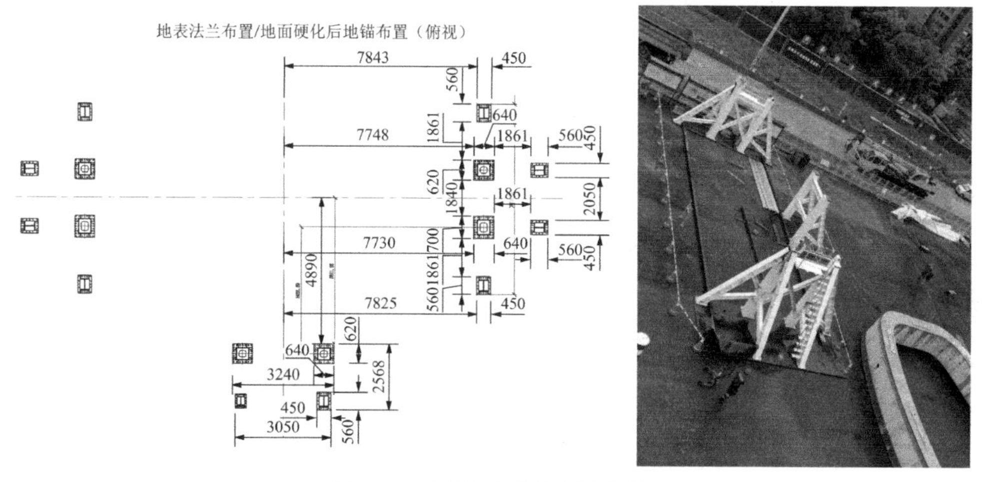

图 5-5　翻身架定位及安装定位

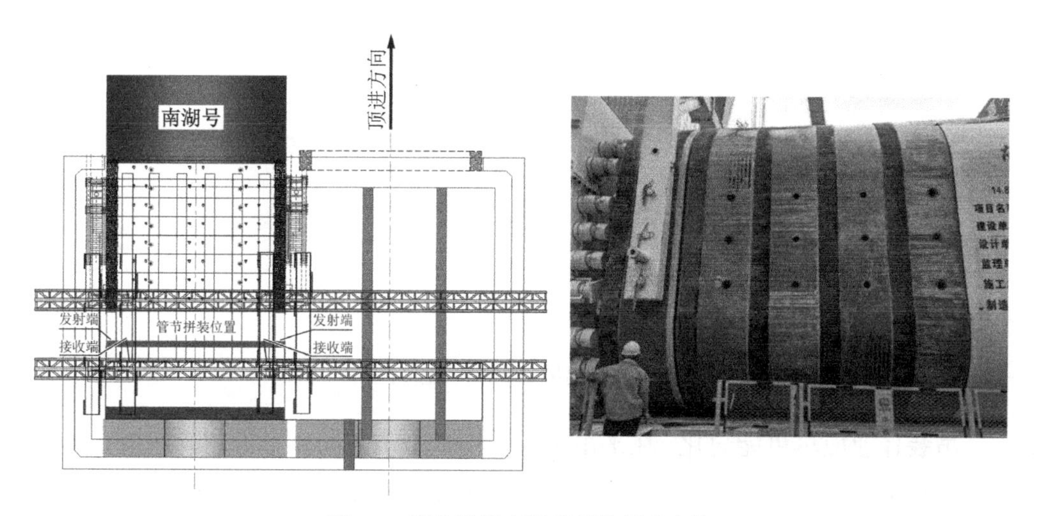

图 5-6　限位装置布设及吊装精准安装

5.2.2 超大断面管节全过程受力分析

1. 运输吊装阶段

超大断面管节在施工场地进行预制、养护，再通过吊装运输至工作井内。由于顶管管节单节自重较大，断面尺寸大，其平面外刚度偏弱，因此，吊装方案对管节受力的影响不容忽视，需要对管节的起吊和翻转进行验算。

超大断面矩形顶管管节在顶推前应至少经历如下环节：预制→平吊→翻身→平面移动→竖向吊放。以上所有环节管节的受力状态不尽相同，并存在受力转换过程。

在起吊阶段，管节经预制养护达到设计要求后，须将管节整体抬升，如图 5-7 所示，管节设置 10 个吊装点，其中 F2 吊点位于拱形长边，上下各 2 个，F1 吊点设置于侧边，每边设置 3 个。

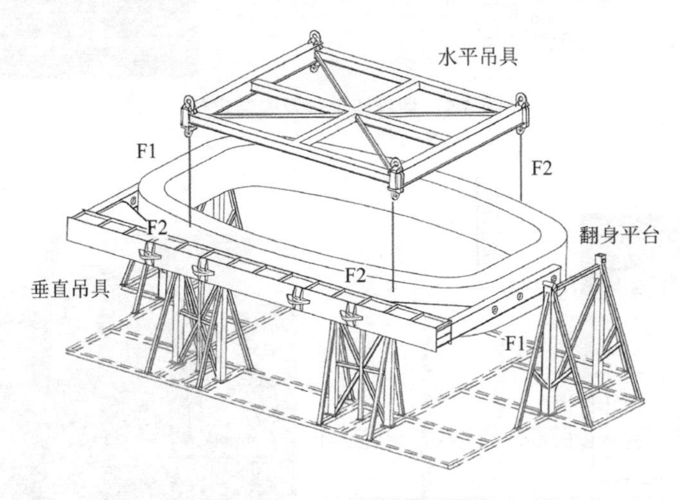

图 5-7　起吊 + 翻转模型简图

吊装作业应尽可能简化，在平吊阶段采用水平吊具与 4 个 F2 吊点连接，将养护达到强度的管节运至翻身架。安装垂直吊具并与翻身平台通过吊销连接，随后利用侧边 F1 吊点进行翻身并垂直起吊至工作井内。

为研究吊装阶段吊装孔排布位置及孔径大小对单个管节力学状态的影响，讨论两种初步判定可行的吊装方案，以孔径大小区分，分别命名为“小孔径方案”及“大孔径方案”；以吊装孔排布位置为区分，包括顶底部弧形管节吊点（圆环，起吊吊点）、侧向中吊点（空心圆，翻身中心吊点）和侧墙边吊点（实心圆，翻身边吊点），对应于起吊或翻身阶段，如图 5-8 所示。

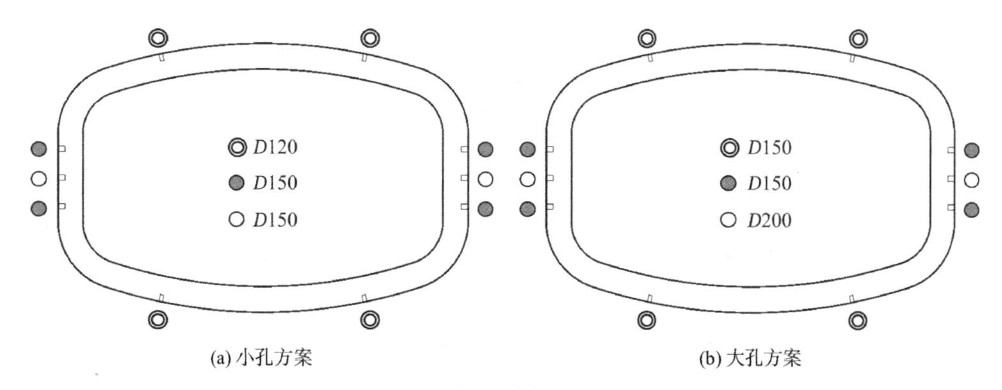

图 5-8　管节吊点设计方案

为精细掌握吊装阶段管节受力情况，采用有限元软件 ABAQUS 进行模拟分析，对管节起吊和翻身过程进行受力分析。管节采用六面体实体单元，管节混凝土强度等级为 C50，吊点处采用钢套环，钢套环材料采用 Q355，构件尺寸设计为外径 150mm 钢管，壁厚 12mm，沿管节径向深度 350mm，吊销与吊环之间采用接触单元，并施加支座进行模拟。其中接触单元切向设计采用 rough 模拟：吊销和吊环接触时，接触面上无相对位移；未接触时，物体间无相互作用。径向采用 hard 模拟：吊销和吊环接触时，接触面上不可互相侵入；未接触时，物体间无相互作用。

由于圆形吊装孔的开设，管节模型的网格划分变得困难。为了提高分析质量，需要提前对吊装孔附近区域进行细致剖分。最终，完成网格划分的模型如图 5-9 所示，所有单元均为六面体实体单元，且全部符合单元形状检查的要求。

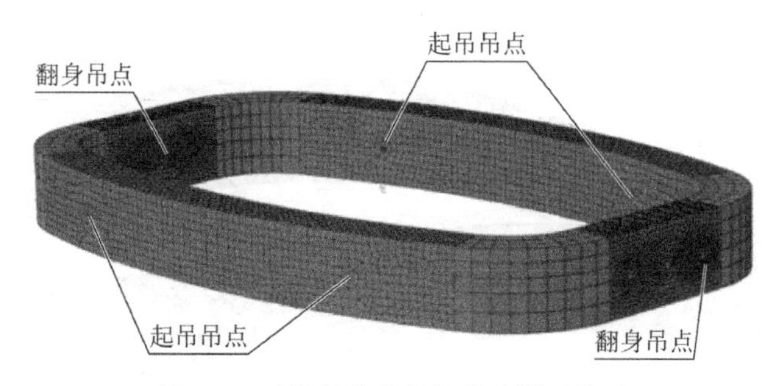

图 5-9　开设吊装孔的管节有限元模型

在吊装过程中，吊销与吊装孔之间的相互作用关系非常复杂，寻找一种合理的模拟方法是得到正确结果的前提。不论是向管节施加吊装力（即施加力边界条件），还是约束管节吊装孔位移（即施加位移边界条件），抑或是考虑吊销与吊装孔之间的相互作用(即施加接触边界条件),都是可行的模拟方法,如图 5-10 所示。

(a) 施加力边界条件（模拟方法一）

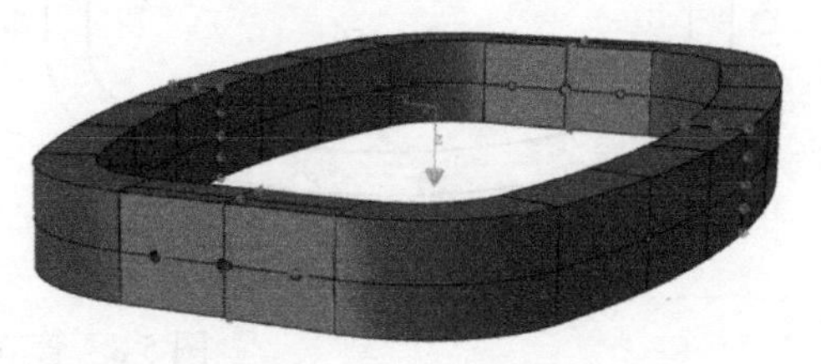

(b) 施加位移边界条件（模拟方法二）

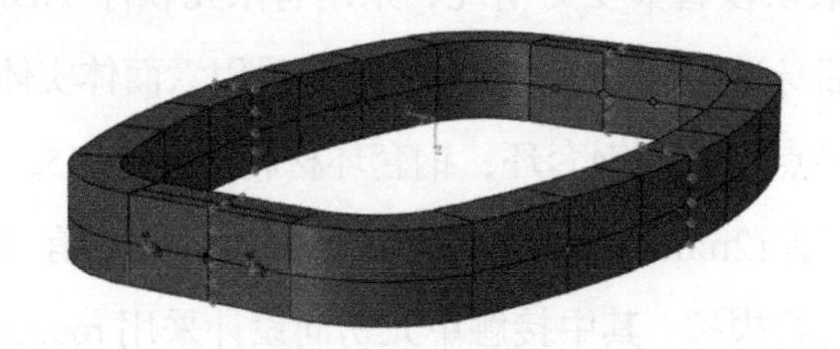

(c) 施加接触边界条件（模拟方法三）

图 5-10　边界模拟方法

为了探讨不同模拟方法所导致的结果差异，本节结合吊孔布置两种方案，考虑吊销与管节吊孔相互关系的三种模拟方法建立有限元模型，分析了各吊装孔局部受力状态，对管节起吊和翻身过程中不同的受力状态进行了探索性研究。各阶段模拟结果如图 5-11～图 5-14 所示。

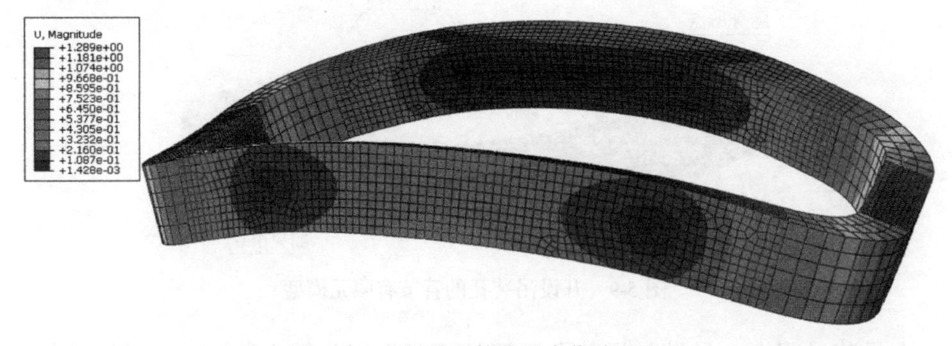

图 5-11　起吊阶段管节最大位移云图

图 5-12　起吊阶段管节 Mises 等效应力云图

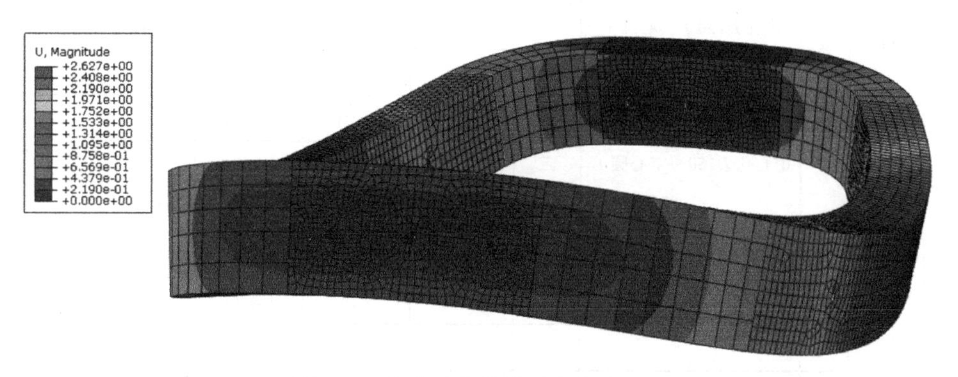

图 5-13　翻身阶段管节最大位移云图

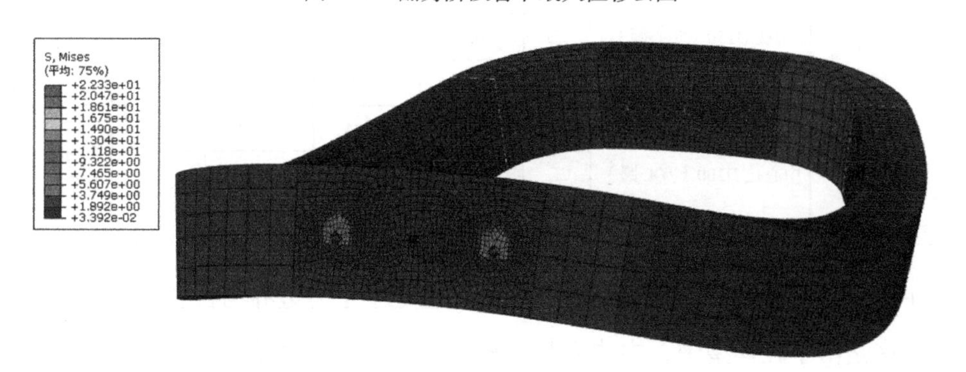

图 5-14　翻身阶段管节 Mises 等效应力云图

将计算结果归纳在表 5-1 中。由表可见，对于局部应力的计算，无论是何种吊装工况，力边界与位移边界下所得计算结果总是相似的；而上述二者与接触边界下所得计算结果有一定出入，且差异程度在 35%左右。而对于位移计算，三者不尽相同，但差异程度并不大，约为 8%～15%。

吊装模型计算结果汇总 表 5-1

序号	吊装孔方案	吊装阶段	孔号	模拟方法	Mises等效应力/MPa	正应力/MPa		管节最大位移/mm	M_{max}/(kN·m)
						拉应力	压应力		
1	小孔方案	起吊阶段	孔 *D*120（圆环）	一	10.84	10.18	−5.35	1.24	314.2 侧墙中部
2				二	10.84	10.18	−5.35	1.34	
3				三	7.14	6.77	−3.25	1.29	
4		翻身阶段	边孔 *D*150（实心圆）	一	22.33	14.79	−11.18	2.63	796.6 顶底板中部
5				二	22.33	14.79	−11.18	2.42	
6				三	17.00	5.09	−10.71	3.07	
7			中心孔 *D*150（空心圆）	一	30.40	19.81	−13.10	3.03	801.9 顶底板中部
8				二	30.40	19.8	−13.10	2.76	
9				三	19.07	12.67	−7.42	3.26	
10	大孔方案	起吊阶段	孔 *D*150（圆环）	一	11.01	8.20	−4.84	1.21	313.4 侧墙中部
11				二	11.01	8.19	−4.84	1.3	
12				三	6.14	4.74	−1.93	1.28	
13		翻身阶段	边孔 *D*150（实心圆）	一	20.19	14.48	−11.21	2.66	796.6 顶底板中部
14				二	20.19	14.48	−11.21	2.42	
15				三	16.72	5.02	−10.95	3.08	
16			中心孔 *D*200（空心圆）	一	24.78	16.94	−9.41	2.97	798.6 顶底板中部
17				二	27.10	17.95	−11.49	2.69	
18				三	27.10	17.95	−11.49	3.24	

注意到，接触边界下所得应力计算结果总是小于力边界与位移边界条件下的结果，这是由于在模型中，力边界与位移边界条件被强制地施加于吊装孔附近的某一固定区域，部分节点被过度约束，因而不可避免地出现应力激增现象；与之不同的是，接触边界能够实现“接触区域受力，分开区域自由”的力学准则，从而得到更加真实的计算结果。

另外，对比序号 6 与序号 12、序号 12 与序号 15 所对应的 Mises 等效应力、正应力与位移计算结果可以发现，吊装孔排布位置对吊装孔附近出现的应力集中及结构变形现象存在显著影响：在吊孔数量及吊孔孔径均相同的情况下，相较于翻身吊孔，布置较分散且较均匀的起吊孔在吊装工况能够得到峰值更低的局部应力状态及结构变形程度。

而对比序号 3 与序号 12、序号 9 与序号 18 所对应的应力及位移计算结果可以发现，孔径改变对应力分布有一定影响，且随着孔径增大，局部应力减小；而孔径改变对结构变形的影响非常有限，几乎可以忽略不计。因此最终采用小孔方案。

综合两阶段不利工况分析，管节局部等效应力最大约为 17MPa。在翻身阶段，管节环向中部承担较大弯矩，须配置 4 根直径 25mm 的顶进端面部钢筋。根据受力计算，每处吊点可采用双层螺旋箍筋，直径 12mm、螺距 50mm。

2. 顶进施工阶段

由于超大断面矩形顶管在交通工程设计时一般为两条隧道并行，且先后施工，后续顶推对已实施的矩形顶管管节将具有一定影响。考虑后顶进影响的计算模型见图 5-15。

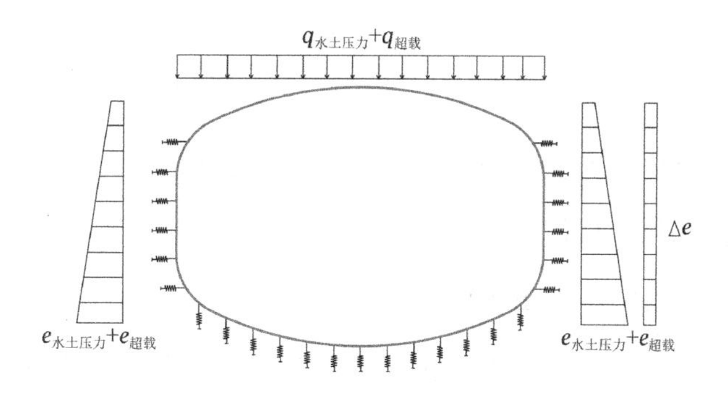

图 5-15　考虑后顶进影响计算模型

顶管管节结构采用荷载结构模型，即梁-地基弹簧模型进行计算。除常规荷载外，在管节单侧施加均布荷载 Δe，模拟顶进过程中两相邻隧道管节因施工扰动及注浆引起的相互受力影响。根据日本盾构隧道设计规范，注浆压力一般比该处侧向水土压力大 50～100kPa，借鉴此规范及相关施工经验，假设 Δe 选取 −100～100kPa，分别模拟顶推过程中部土体从挤压到松弛的过程。

根据不同 Δe 作用下的模拟结果，选取管节顶部最大弯矩进行分析，结果如图 5-16 所示。从图 5-16 可知，不同注浆压力影响下，管节受到挤压或松弛作用，管节受力相较于正常使用工况（$\Delta e = 0$）时最大增减变化量约为 20%。因此，在管节结构设计时，应对后顶进的影响予以考虑。

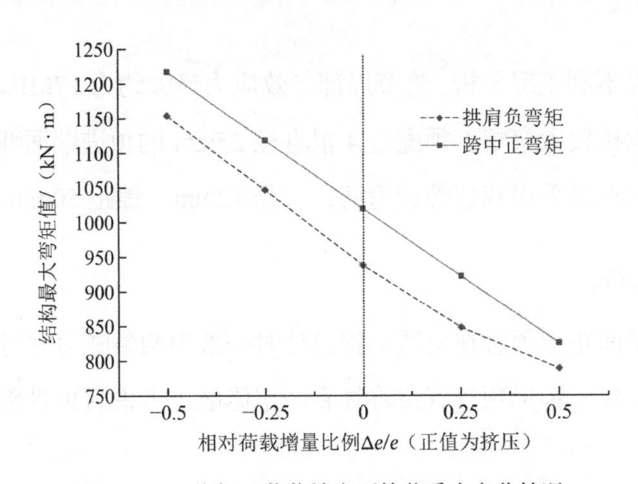

图 5-16　不同 Δe 荷载效应下管节受力变化情况

3. 正常使用阶段

在正常使用阶段，矩形管节所受的荷载主要为竖向水土压力、底部地基反力、自重、衬砌水平水土压力等。管节一般按延米计算，采用荷载结构模型，即梁-地基弹簧模型，计算模型详见图 5-15。

根据所处地层物理力学性质指标对荷载进行组合计算，采用有限元软件 midas Civil 进行内力分析。分析结果表明，管节最大弯矩标准值 1400.4kN · m，最大剪力标准值 763.4kN，最不利结构部位为顶部拱腰处，管节呈弯剪组合受力。结合管节各部位最大效应，按承载力及裂缝控制最不利组合进行钢筋配置。结构受力如图 5-17、图 5-18 所示。

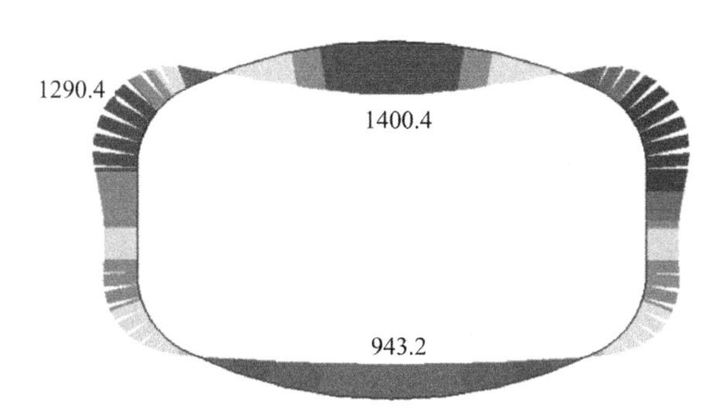

图 5-17　管节结构弯矩标准值（单位：kN · m）

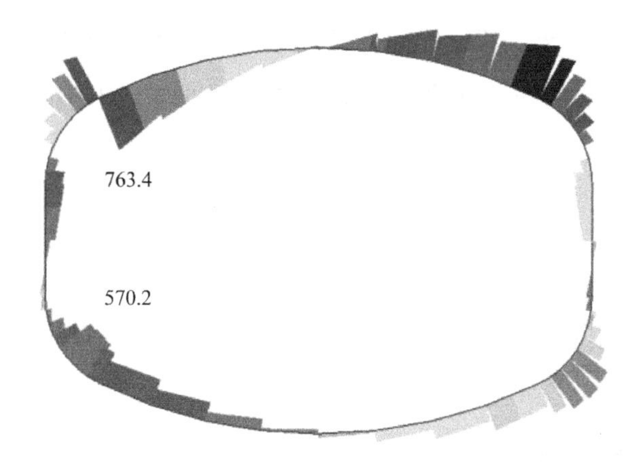

图 5-18　管节结构剪力标准值（单位：kN）

5.2.3 矩形隧道掘进机系统研究

1. 掘进机切削系统

根据矩形断面的几何特点，通过对机构运动轨迹、组合轨迹及仿形轨迹的模拟，可得出偏心多轴刀盘、组合刀盘等不同刀盘布置形式下矩形断面的开挖方法。经过对各种刀盘开挖的工作原理和结构特点的深入探究，分析总结了各自的优缺点。

（1）偏心多轴刀盘

该种刀盘的设计利用平行双曲柄机构的运动原理，由几组偏心曲轴同时驱动刀盘，每把刀具做平面圆周运动，用轴向推进的行程合成来完成全断面的切削推进。

它的优点在于：根据开挖的截面设计出类似的仿形刀盘，附以一定的曲柄长度，即可做到全断面开挖，不存在切削的盲区，可以大大减少顶管机掘进时的顶力；另外，它的转动半径小，驱动所需的扭矩也小，大约是圆形刀盘的 1/2；它采用了十字刀头，每把刀的切削路径都很相似，刀具的切削量和磨损量比较均匀。

它的缺点也很明显：由于各个刀盘都围绕各自的圆心做旋转运动，容易造成对周边土体的扰动；另外，其后部搅拌棒的运行轨迹也是以曲柄长度为半径的圆，其搅拌范围相对于整个开挖面来说极其有限，且形成的反作用力对盾体的平衡不利。

（2）组合刀盘

组合刀盘形式主要依靠前后刀盘开挖面的相互弥补，来尽可能地减少矩形区域的开挖盲区。其开挖率可以达到 80%～90%，各刀盘可以各自控制，同时旋转对土体进行切削、搅拌（图 5-19）。

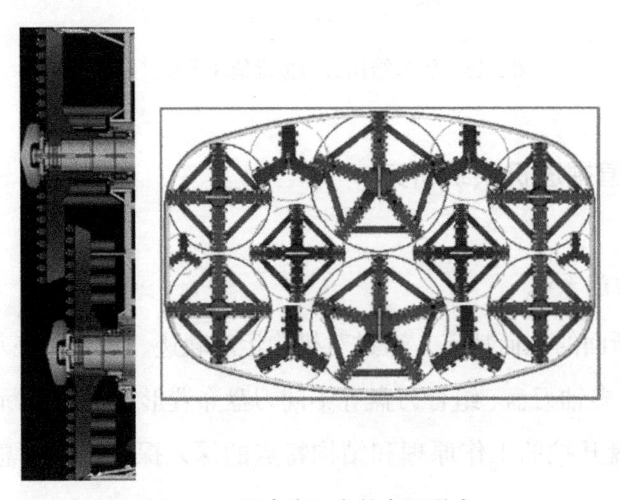

图 5-19　组合多刀盘的布置形式

组合刀盘的结构形式利用了圆形刀盘的切削区域前后交叉，驱动方式简单可靠。相对于偏心多轴刀盘，圆形刀盘开挖过程中，刀盘的切削反力可以相互抵消，因此对周围土体的扰动小，地面沉降比较容易控制；另外，其搅拌棒的运行半径要远大于偏心多轴刀盘，布置合理时，几乎可以覆盖整个断面，土体改良效果好，对于土压平衡的形成有利，也更有利于地面沉降的控制。目前有工程在实际施工中采用多刀盘矩形顶管，取得了良好的控制沉降的效果，其地面沉降量可以控制在 −3cm～+1cm 之间。

但是，组合刀盘中每个刀盘的开挖范围都是圆形，因此无论如何组合，都无法达到矩形截面的全断面开挖，存在盲区是其最大的缺点。

在三车道 15m 级顶管工程中，由于其断面大、覆土浅、控沉严的特点，推荐采用组合刀盘，并使盲区面积最小，以减小施工对土体的扰动，从而有效控制沉降。顶管机设计采用前 6 后 8 共计 14 个刀盘，最大刀盘直径 4.66m，最小刀盘直径 1.35m，刀盘均可独立操控，综合刀盘切削率 89.9%，搅拌率达到 70%，渣土流动搅拌充分，同时能够实现掌子面的稳定支撑，多刀盘能够实现转速转向协调控制，实现姿态纠偏以及高效出渣。另在盾体的四周装上特制的固定刀具，并在盲区安装水切削及风钻等处理装置，可将开挖率扩大至 100%，如图 5-20、图 5-21 所示。

图 5-20　顶管机刀盘图

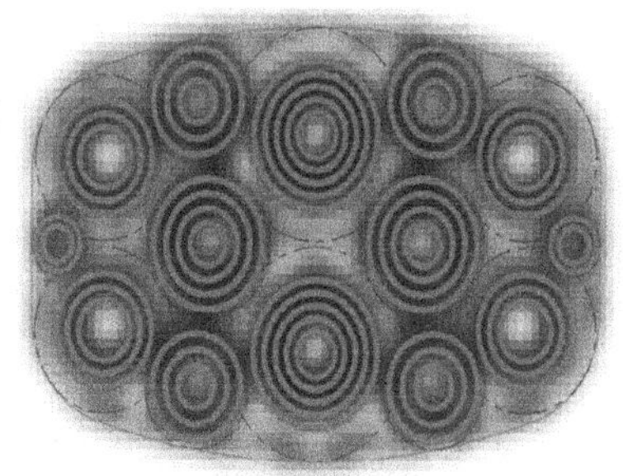

图 5-21　多刀盘搅拌示意图

2. 掘进机高效排泥系统

超大断面矩形顶管排渣系统采用单个螺机很难满足出渣的要求，会造成土仓积渣。因此采用了三台螺旋输送机联合控制出渣（图 5-22），并配置足够的扭矩以及匹配的出渣能力，满足大断面相应推进速度下的出渣要求，同时还要考虑三台螺机出渣与土仓压力相匹配的问题。

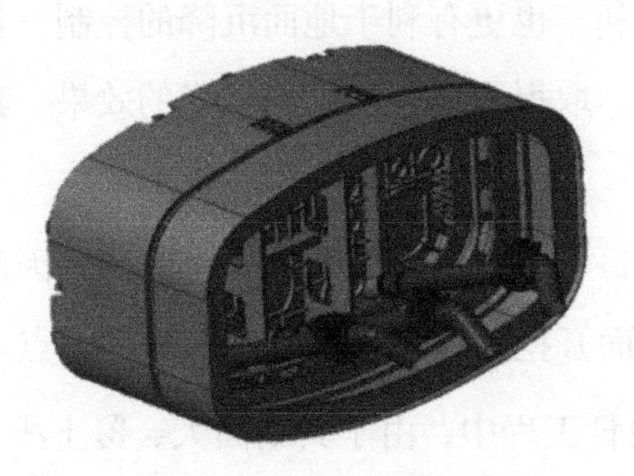

图 5-22　三螺机出渣示意图

螺旋输送机采用中心轴螺旋杆式，螺旋输送机主要由驱动装置、筒体、螺杆、出料口闸门等组成。为了随时能够监控工作状态，在螺旋输送机的筒体上不同的位置设有土压传感器，如图 5-23 所示。

螺旋输送机变速可逆转，泥土入口端装在顶管机土舱底部，穿过密封隔板固定，倾斜安装，倾斜角约为 23°。螺旋输送机的出渣口安装滑动式闸门，用以防水。滑动式闸门由液压油缸操纵，闸门有一个紧急功能，如果断电，闸门可自动关闭。

根据出渣要求，刀盘的开挖面积为 123m^2，掘进速度最大为 40mm/min，松散系数取 1.5，则匹配单个螺机出渣量为 153m^3/h，螺机筒径为 700mm。

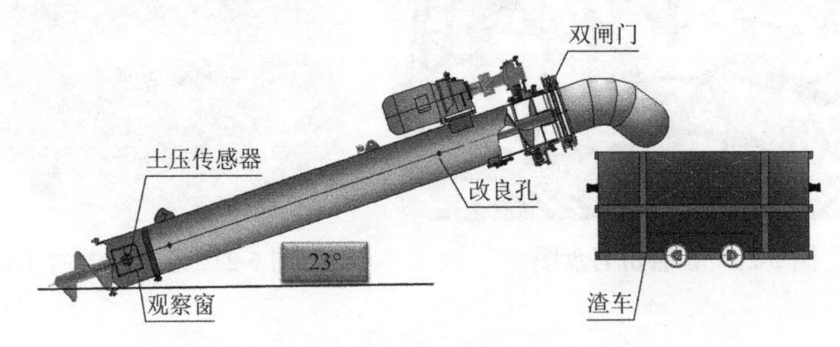

图 5-23　出渣排泥系统总成

3. 顶推系统

顶推系统设置于始发井内，顶进油缸采用 36 个 400t 千斤顶，可实现超大断面类矩形顶管最大顶推力 144000kN。单个千斤顶最大行程 2500mm，可独立控制，以便及时进行纠偏。千斤顶采用 U 形布置形式，分别于底部、侧边以及局部顶部设置，如图 5-24 所示。

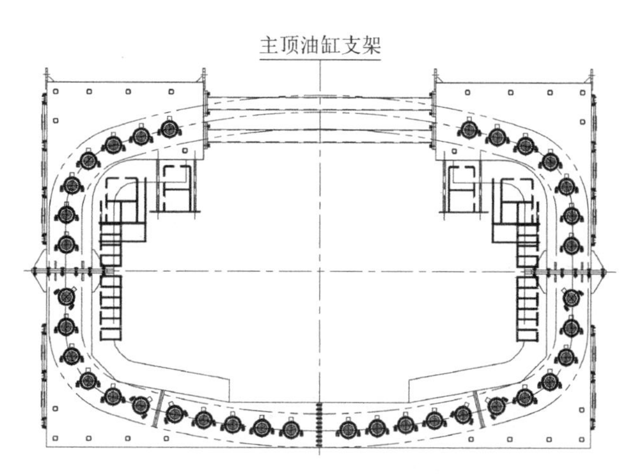

图 5-24　主顶油缸千斤顶系统布置图

为降低顶管管节吊放过程中，已顶进管节可能存在的后退风险，在工作井对称设置止退装置，在顶进油缸收回更新管节前，通过止退销对已顶进管节隧道进行位移约束。

5.2.4 施工控制关键技术研究与应用

1. 大断面掌子面稳定控制施工技术

1）土仓压力影响因素分析

土压平衡掘进机掌子面压力控制的基本原理是通过土仓建压平衡掌子面压力。具体来说，推进液压缸顶推设备，掘进机刀盘切削土层，并将刀盘开挖下来的渣土填满土仓，利用刀盘后面的搅拌棒，强制混合土仓内渣土，并借助掘进机推进液压缸的推力通过隔板进行加压，产生泥土压力，而推进液压缸的推进力受负载决定，在给定某一油压后，推进力的大小仍随土仓压力的波动而波动。该土仓压力可通过土压传感器进行测量，并通过控制推进速度和螺机转速来控制，以保证掘削土量与排渣量相对应，并使得土舱内的渣土压力与开挖面的水土压力实现动态平衡。

基于上述原理，隧道掘进机满仓掘进的前提条件下，土仓渣土压力波动主要受推进速度、出渣速度、刀盘转速影响。

（1）推进速度

在全断面切削的状态下，推进速度直接影响进入土仓的渣土量。在出渣速度一定的条件下，推进速度越快，土仓内渣土进大于出，土仓压力将越大，反之将导致土仓压力变小。

（2）出渣速度

大断面矩形掘进机排渣系统采用单个螺机很难满足出渣的要求，会造成土仓积渣，因此可采用两台或更多台螺旋输送机联合控制出渣。螺机的整体出渣速度不仅会影响土仓的整体压力，而且多台螺机的不同转速设置也会对左右两侧土仓的压力均衡性产生影响，不仅会影响大断面开挖掌子面的局部稳定性，还会导致掘进机偏离。

（3）刀盘转速

超大断面矩形掘进机一般采用多刀盘联合开挖的切削形式，通过多刀盘的前后布置，实现矩形断面的全断面切削，同时刀盘后面板布置的搅拌棒能够将切削进入土仓的渣土与注入的改良剂进行充分搅拌，使之成为具有一定流塑性的渣土。刀盘切削搅拌转速的提高有助于土仓渣土改良，使整个土仓具有较为规律的土压平衡微环境。

2）土仓压力波动规律研究

设备采用全断面开挖刀盘时在单位时间内的切土量见式(5-1)：

$$Q_1 = S\nu\kappa \tag{5-1}$$

式中：Q_1 为刀盘切土量；S 为开挖面积；ν 为掘进速度；κ 为渣土的松方系数，一般取 1.2～1.5。

掘进机出渣能力主要取决于螺机直径、螺机转速，总出渣能力见式(5-2)：

$$Q_2 = \frac{\pi}{4}(D^2 - d^2)(l - t)n\varphi m \tag{5-2}$$

式中：Q_2 为螺机的总排土量；D 为螺机叶片直径；d 为螺杆直径；l 为螺旋节距；t 为叶片厚度；n 为螺旋最大转速；φ 为填充系数（一般取 0.9）；m 为螺机数量。

在矩形掘进机实际施工过程中，推进速度及出渣速度基本不会处于某一恒定值，而是实时变化的。为保证开挖土仓渣土量及土仓压力的稳定，掘进机推进速度及螺机转速需满足一定的对应关系，才能控制土仓进、排渣土量的平衡。

令 $Q_1 = Q_2$，经推导，得式(5-3)：

$$\frac{n}{v} = \frac{4S\kappa}{\pi(D^2 - d^2)(l - t)\varphi m} \tag{5-3}$$

根据嘉兴市市区快速路环线工程（一期）掘进机设计参数进行计算，需满足螺机转速与推进速度的 225κ 对应关系，其中 κ 数值可根据试掘进实测确定，即可满足土仓压力平衡，在调整掘进速度的同时匹配螺机转速控制土仓渣土进出平衡。

为实时掌握土仓各位置压力，方便实时调节掘进参数，在土仓隔板的上中下、左中右位置布置了 19 个压力传感器，如图 5-25 所示。

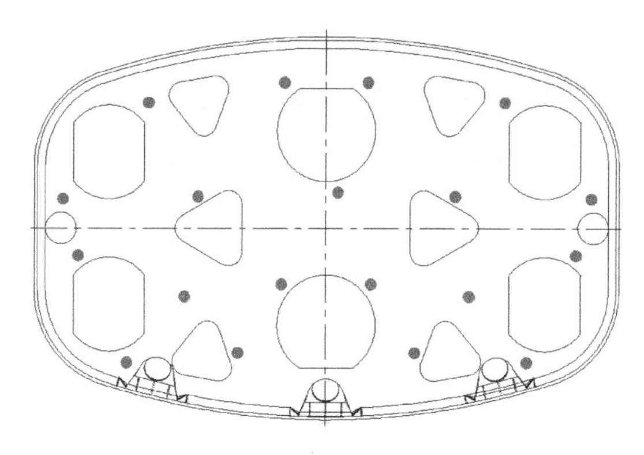

图 5-25　压力传感器布置图

基于上述螺机控制原理及多螺机布置形式，在掘进机进行左右调向时，可通过设置左右螺机的不同转速，进行左右土仓压差控制，配合掘进机纠偏油缸，实现掘进机的辅助纠偏控制。

2. 大断面拱顶背土控制技术

超大断面矩形顶管因矩形断面特点，随着推进长度的加大，黏附土体增多，造成顶管推进困难，同时引发较大的地层隆沉，即“背土”效应，其影响范围如图 5-26 所示。

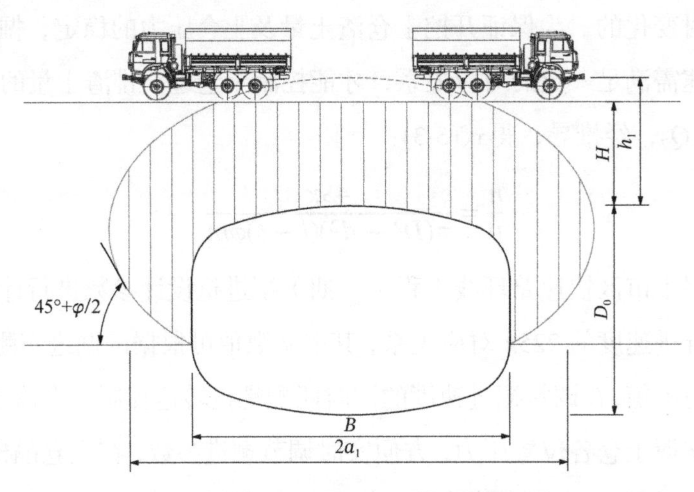

图 5-26　顶管背土效应的影响范围示意图

为减小拱顶背土现象造成的地表沉降量，在顶管周围注入减摩泥浆，形成良好的泥浆套，以减小顶管与地层之间的摩阻力；同时，顶管设计制造时在顶管切口环处增加帽檐结构，在帽檐结构内和铰接处预留触变泥浆孔。

顶进施工中针对实际情况采取“勤测勤纠”“小角度纠偏”等纠偏措施，纠偏不能大起大落。当产生较大偏差时，纠偏系统以适当的曲率半径逐步调整到设计轴线，尽量避免猛纠造成相邻 2 段形成较大的夹角。

（1）泥浆自动补偿技术

人工压注减摩浆液具有随意性和盲目性，注浆压力、注浆时间、间隔时间均不能得到准确控制，效果不甚理想。泥浆自动控制系统通过设置注浆压力、注浆时间、注浆间隔等参数后，利用上位机及自动球阀控制系统，从而达到自动控制注入泥浆的目的，能有效确保减摩效果。

通过对顶管第 14～17 环泥浆注入和停止时间与顶推力进行数据统计，得到如图 5-27 和图 5-28 所示的变化曲线关系，并进一步分析注浆时间、间隔时间。

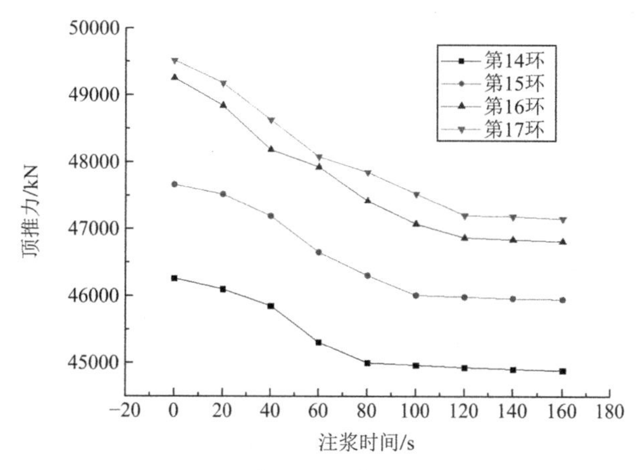

图 5-27　顶推力随注浆时间变化规律

由图 5-27 可以看出：顶推力随着注浆时间的增加而减小，第 14 环在注浆时间达到 80s 时，第 15 环在注浆时间达到 100s 时，第 16、17 环在注浆时间达到 120s 时，顶推力下降缓慢、趋于稳定。故设定泥浆注浆时间取上述 4 环平均时间105s。

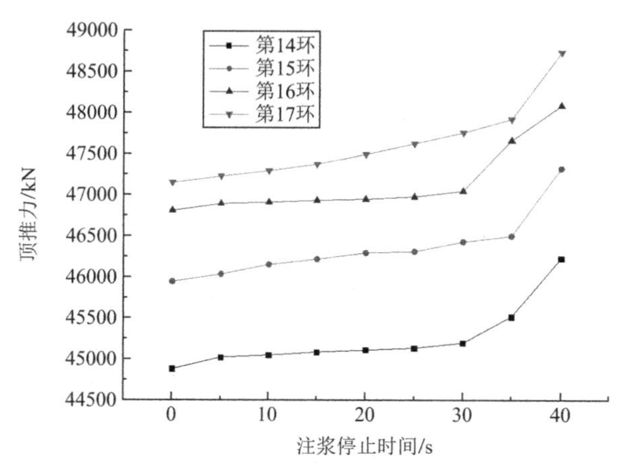

图 5-28　顶推力随注浆停止时间变化规律

由图 5-28 可以看出：当第 14 环停止注浆 30s 后、第 15 环停止注浆 35s 后、第 16 环停止注浆 30s 后、第 17 环停止注浆 35s 后，顶推力随着停止时间快速上升，幅度较大，因此设定注浆间隔时间取上述 4 环平均间隔时间 33s。因底部土压最大，根据土压传感器数据，设定注浆压力停止值为 0.3MPa。

根据上述数据分析，最终得出减摩泥浆注入时间、间隔时间及停止注入的压力，将上述参数输入自动注浆系统，得到自动注浆界面参数，如图 5-29 所示。

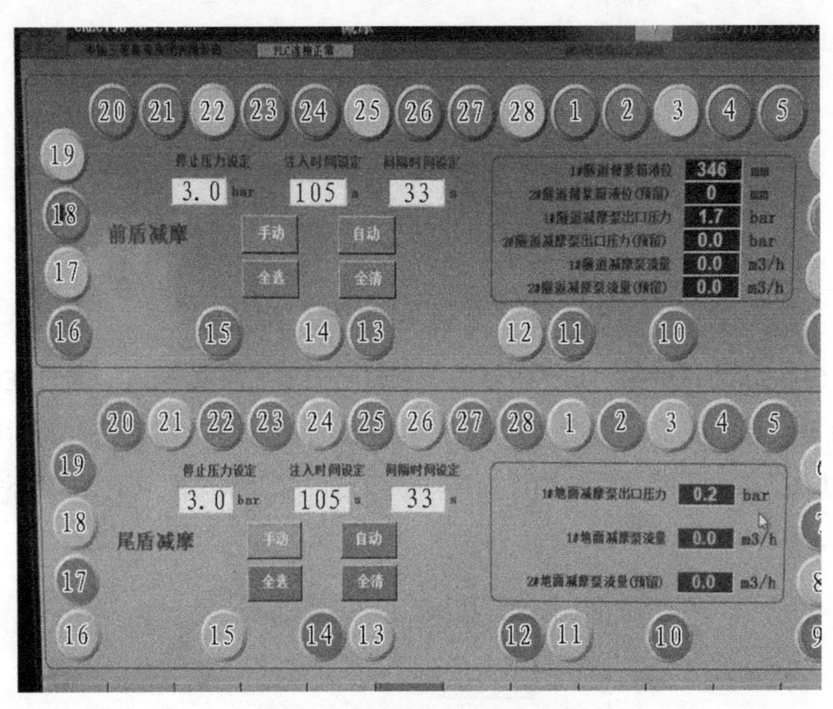

图 5-29　自动注浆界面参数设定

（2）打土控制技术

当顶进过程中出现出土量超多、轴线偏移较大、地面沉降超过预警的情况时，可根据顶管管节预留的打土孔采用打土泵进行打土回填，将超挖、塌陷等土层填充密实后再继续向前掘进施工，对沉降较大区域进行主动控制。打土泵是针对矩形顶管施工的需求而专门设计制造的，它主要用于地基充填、控制沉降、设备纠偏等项目中。打土量及打土泵压力根据地表沉降数据、范围及监控量测数据确定。

A 型管节设置 16 个打土孔，B 型管节设置 18 个打土孔，打土孔采用 DN80 钢管预埋在管节内，如图 5-30 所示。A 型与 B 型管节交错布置。

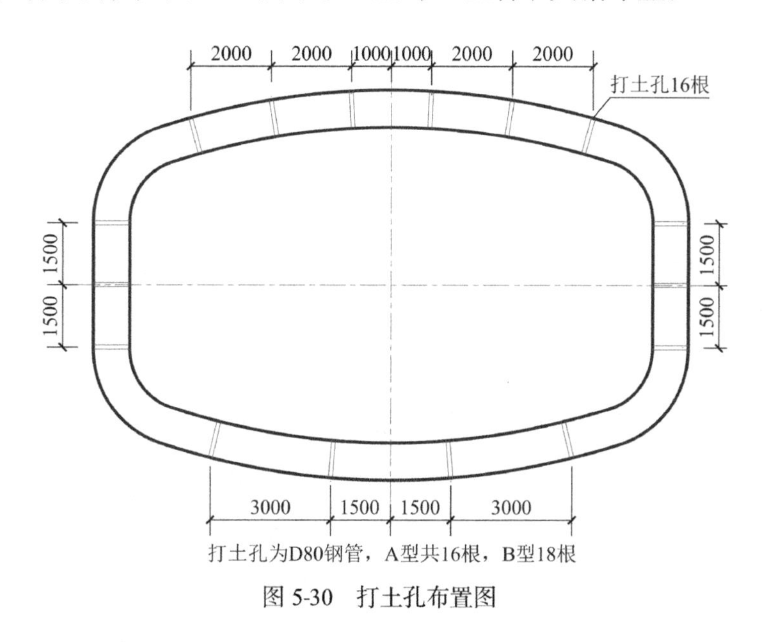

图 5-30　打土孔布置图

（3）泥浆固化控制技术

掘进过程中，压注大量的减摩泥浆，贯通后，减摩泥浆由于长时间停滞，会产生收缩和固结，造成地表后期持续沉降。为减小贯通后的地表沉降、运营过程中的变形和保证隧道的整体防水，在顶管隧道贯通后及时从预留的注浆孔中压注水泥浆，固结施工过程中压注的减摩泥浆，将隧道、减摩泥浆、土体固结为一个整体。置换或填充注浆顺序为：环向为从管节的顶部对称向下部进行施工，轴向为从隧道的一个洞门处顺序注浆至另一个洞门。壁后固结注浆作为外加防水层，按置换注浆的有关方法，确保置换注浆的完全性、耐久性以及填充的密实性，切实起到加强防水的作用。

3. 大断面矩形顶管始发与接收施工技术

土压平衡顶管的始发和接收施工与盾构施工相似，是施工风险较高的环节。有时会因为顶管始发、接收过程中定位不准确、端头加固的质量欠佳、始发水位高等原因，导致始发、接收时出现坍塌、突泥、涌水等事故，严重影响施工安全。同时，由于顶管接收时容易造成掌子面土体破坏，顶管施工的减摩泥浆泄漏，导致地层沉降超限，顶推无法实施。通常采取如下措施进行顶管的始发与接收作业，减小施工风险。

（1）短套箱 + 双层帘布洞门密封技术

洞门密封采用 30cm 长的短套箱及双层橡胶帘布 + 双层压板，为防止泥浆从洞门双层压板间的空隙流出，在短套箱上预埋注浆管，通过注入密封油脂或浓泥浆，起到洞门密封作用。

（2）洞门分层凿除措施

整个洞门分成 12 个区域，洞门凿除采用人工手持风镐分区、分层、分块逐步凿除，凿除顺序为①—②—③—④—⑤—⑥，洞门设置钢环支撑及脚手架平台，具体如图 5-31 所示。凿除施工顺序为：破除始发井洞门地连墙内侧混凝土保护层—割除地下连续墙井内侧钢筋—破除地下连续墙 800mm 厚水下 C30 混凝土（先上后下）—割除地下连续墙井外侧钢筋（刀盘推至洞口）—拆除脚手架，清理场地。

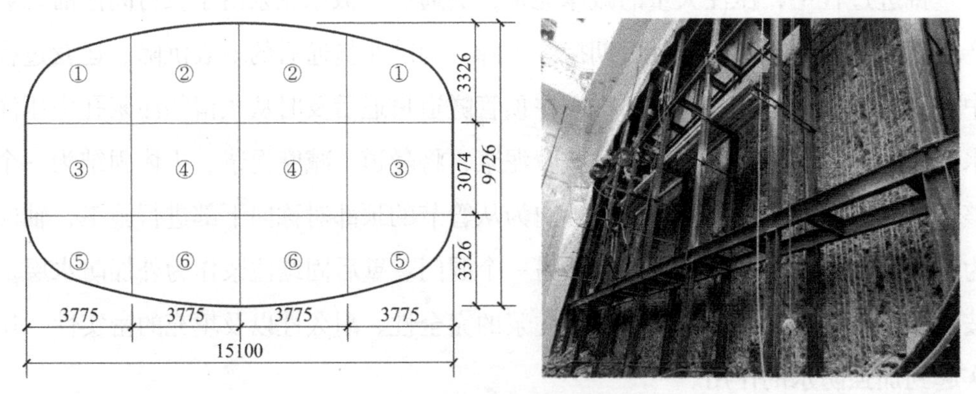

图 5-31　洞门凿除示意图

在类矩形顶管确定始发推进前（刀盘推至距洞门密封装置约 600mm），检查洞门净空尺寸，不得有残留的钢筋侵入洞门净空。在确保顶管能正常推进后，及时将顶管刀盘顶上掌子面，防止掌子面垮塌。

（3）始发井平面布置及始发台安装

根据内衬墙的厚度、后靠钢板、后靠衬垫钢筋混凝土厚度、顶进油缸基座厚度、推进油缸的行程长度、U 形顶铁厚度、矩形顶管组装位置要求、始发井结构、隧道线路设计轴线等因素，确定矩形顶管始发姿态空间位置，然后反推出始发台的空间位置，提前调整好始发台的标高、坡度等。以嘉兴市市区快速路环线工程（一期）采用的南湖号顶管机为例，顶管机始发相对位置如图 5-32 所示。

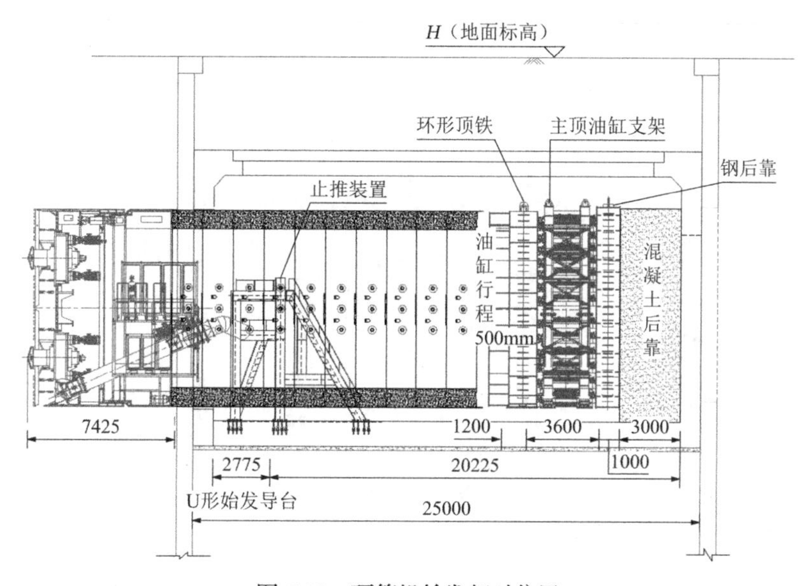

图 5-32　顶管机始发相对位置

隧道线路设计为直线，始发井至接收井坡度为下坡 0.5%，始发台严格模拟隧道线路。由于为下坡，顶管为抬头进入掌子面，防止出现接收“磕头”，顶管机抬头 1.5%接收。由于顶管机自重较大，掘进时顶管机会下沉，通过调节上部油缸和下部油缸，保证隧道 0.5%的坡度。

由于洞门钢环比隧道断面大 15cm，为保证顶管机沿始发方向及标高接收，在洞门钢环处顶管机下安装 6 条轨道，通过钢板及钢块调平，保证接收标高。前盾接收后，在中盾与尾盾轨道上焊接钢块，起到防扭作用。

顶管机前下壳体吊装焊接定位钢板，控制顶管机始发方向。顶管机及后配套安装过程中，精确定位始发导轨标高、轴线，以及后靠板垂直度等。

顶管机空推 3 环左右到达掌子面，顶管机长约 8m，管节约第 10 环进入土体。

依据顶管机平面位置布置图，反推出始发基座的空间位置。始发台基座安装位置按照测量放样的基线，进行混凝土结构施工，顶管始发台采用 10 条条形混凝土基础结构，始发台底部与始发井底板采用预埋钢筋连接为一个整体，顶部采用 42 轨道与始发台钢筋焊接为一个整体，轨道顶部恰好与顶管机表面相切。始发台设计如图 5-33 所示，基座上的轨道按实测洞门中心居中放置。始发台设计为条形基础结构，条形基础之间间隔固定距离，作为始发井洞门故障排除使用。上部轨道设计使得顶管机面摩擦变为线摩擦，降低了顶管顶进过程中的摩擦力。

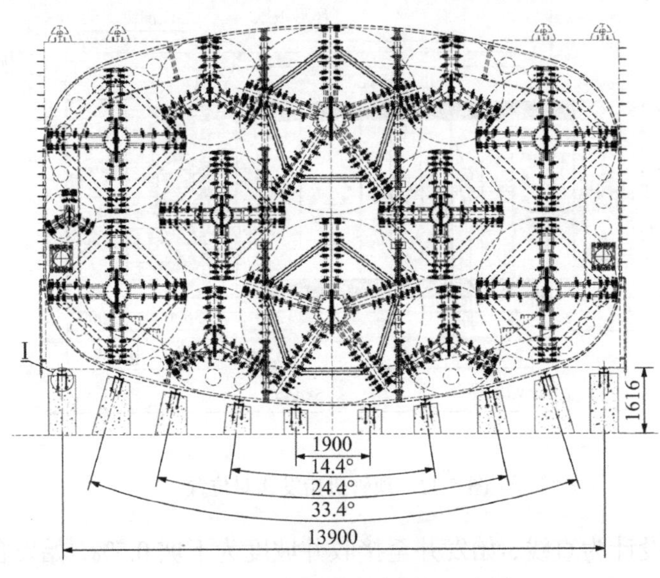

图 5-33 顶管机始发台剖面示意图

5.3 工程实践

5.3.1 工程概况

嘉兴市市区快速路环线工程（一期）项目位于浙江省嘉兴市南湖区，顶管顶进距离 100.5m，下穿嘉兴市主干道南湖大道（图 5-34）。场地为软土地区，场地内分布的土层自上而下可划分为 11 个大层及若干亚层。矩形顶管主要穿越范围内土层自上而下分别为淤泥质黏土、黏性土、砂质粉土。其中，顶管范围内上部为③层淤泥质土，下部为$④_1$黏性土（图 5-35、表 5-2）。

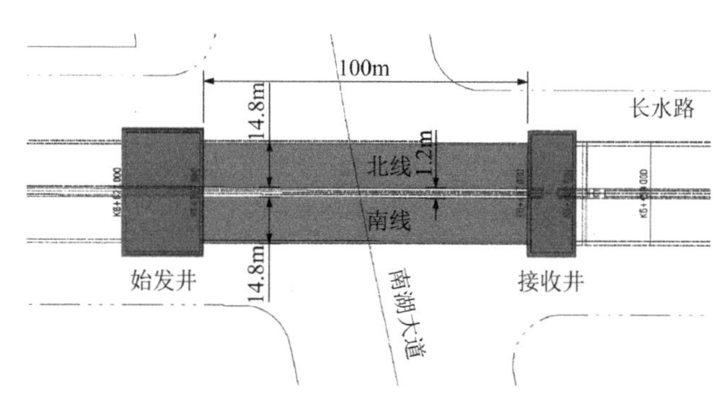

图 5-34 工程平面示意图

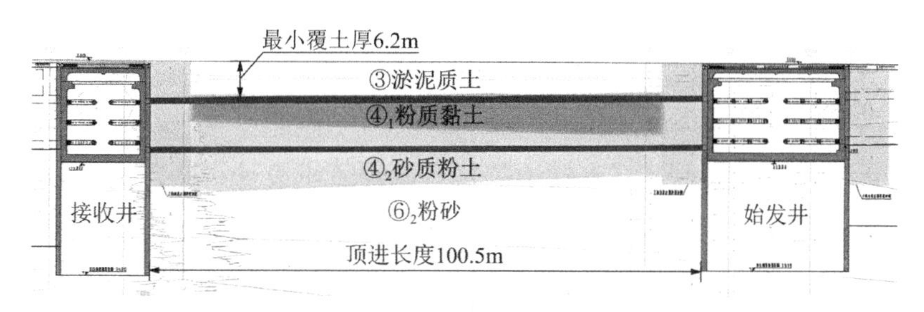

图 5-35 工程纵断面示意图

工程地质性质评价 **表 5-2**

地基土类别	土层序号	工程性质评价
填土	$①_1$、$①_2$、$①_3$	主要由碎石、黏性土及建筑垃圾等组成，土质不均，工程性质较差
淤泥质土	$①_4$、③	流塑状、含水量高、孔隙比大、灵敏度中等，压缩性高、强度低，具触变和流变特性，物理力学性质差
黏性土	$②_t$	中密状，中压缩性，呈透镜体状分布于③层中，仅局部有分布，渗透性较好
	$③_1$	硬可塑状，中压缩性，物理力学性质较好
	$④_{1T}$	软可塑～软塑状，中压缩性，物理力学性质一般
	$⑤_1$	中压缩性、强度较低，物理力学性质较差，局部位于基坑开挖范围底部
粉、砂性土	$④_2$、$⑥_2$、$⑦_2$	渗透性较好，中压缩性，土质较好

顶管穿越的土层主要为④$_1$粉质黏土、④$_2$砂质粉土，这两种土性质较好，为保证土压平衡顶管机顺利出渣，对于土体改良提出了较高的要求。

5.3.2 工程特点

1. 主要特征

（1）大。断面尺寸为 14.8m × 9.426m，断面面积为 123m^2。

（2）重。主机质量约为 770t，单节管节质量为 140t。

（3）浅。顶管隧道顶部埋深 5.68～6.54m，是跨径的 40%，属超浅覆土施工。

（4）小。小净距隧道，左右线净距 1.2m。

（5）3 车道。首次采用超大断面矩形顶管施工 3 车道隧道。

2. 工程重难点

（1）浅埋、软土富水地层超大断面矩形顶管及附属设备研究、制造。针对本工程超大断面、超浅覆土、富水软土等特点，顶管机设计、制造需在盾体强度、超大顶力、多刀盘组合开挖、土仓土压平衡、三螺机出土、姿态控制等方面进行改进、创新。因此研究、制造满足本工程施工的超大顶管设备是本工程的重点。同时，超大尺寸、大跨度管节及吊装孔设计，以及管节水平运输、垂直下井、翻身施工等给工程带来了挑战。

（2）超浅覆土、小净距施工技术及地表、管线沉降控制技术。矩形顶管下穿城市主干道南湖大道，顶管顶部埋深 5.68～6.54m，属超浅覆土掘进施工。顶管穿越地质条件差，地下水位稳定埋深 0.5～1.0m，隧道顶部分布着 6 条市政管线，顶管断面大，成拱效应差，土压控制难度大，易产生背土效应，控制道路、管线的沉降难度大，施工安全风险高。隧道左右线净距 1.2m，施工中减小左右线相互影响，特别是后顶进隧道对先行隧道的影响，是本工程的重难点。

（3）超大、超重、长距离顶进姿态控制及减阻技术。顶管主机质量为 770t，机头重心靠前，且施工为 5‰下坡顶进，在软土地层易发生“磕头”现象；矩形顶管偏载以及土压不平衡等原因导致姿态控制难度大，影响隧道成形质量，姿态控制及纠偏难度大。另外，随着顶进长度的增加，顶推力增大，施工中需做好减摩泥浆的配制及应用，以减小管节摩擦力、降低顶推力，确保在设备额定顶推力之内。

（4）顶管安全始发、接收。顶管始发和接收段土体由上而下为含水丰富的$①_3$杂填土、③淤泥质土、$④_1$粉质黏土、$④_2$砂质粉土，地下水位高。顶管在始发、接收过程中可能发生漏渗水，甚至涌水、涌砂，造成水土流失，引起地面沉降变形过大，造成不良社会影响和经济损失。因此顶管如何顺利始发、安全接收是本工程的重难点。

5.3.3 工程关键技术

1. 管节翻身架设计与施工

超大断面类矩形顶管机需要对配套设备进行全新设计，以满足使用及受力要求。针对吊装系统，现有吊装及翻转装置能够满足管节单节重量 70t 以内，本项目管节单节重量达到 135t，需要考虑吊具吊装强度，通过力学模型分析，在保证强度要求的前提下，满足轻量化要求。

管节通过管节翻身架翻身下井（图 5-36），管节翻身架安装在始发井西边缘，场地硬化时预埋地脚螺栓及 16 块钢板，呈三角形布置，采用 M24 高强度螺栓固定。垂直吊具与管节两侧的 6 个吊装孔连接，垂直吊具与管节同时翻转，垂直吊具两侧的旋转杆插入翻身架上，完成翻身（图 5-37）。

管片在地面安装止水密封、涂蜡、安装木垫板后，用水平吊具将管节吊运至翻身架处插销固定，使用管节翻身架将管节翻转 90°，翻身完成，吊运下井安装。

图 5-36　翻身架现场使用情况

图 5-37　垂直吊具现场使用情况

2. 管节吊运与止退控制

在将管节吊运至始发井内前，先将电路、泥浆总管路、水管、通信电缆断开，方可吊运管节下井（图 5-38）。将管节直接吊放到始发台的基座上，定位准确后缓慢推进向已经安装好的管节靠拢，使凹凸榫对位准确，确保防水圈安装准确，再次把电路、泥浆总管路、水管、通信电缆接通，随着推进的进行，及时补充延长管线，达到顶进要求后开始推进。

每环管节推进完成后，主顶油缸及顶铁回缩，机头和管节在前方正面土压力和管节接缝弹性橡胶密封圈反力的作用下会产生后退，甚至造成正面土压失衡，导致地面沉降。通过在始发台两侧安装管节止退装置（图 5-39），在收回油缸前，每侧设置 3 根钢销子插入吊装孔卡紧，并保证受力均匀，防止管节后退。

图 5-38　管节下井安装

图 5-39　管节止退装置

3. 钢结构负环设置

顶管主机始发时需要采用负环进行顶进，通常将混凝土预制管节作为负环。在顶管始发时，需要将多个混凝土预制管节逐次吊装进入始发井内并顶进，施工过程复杂。受始发井内部空间限制，在顶进过程中，只能在一个预制管节顶进结束后才能将另一段预制管节吊装进入始发井内。同时依据施工安全规范的要求，预制管节不能悬停在高空等待顶进，这就导致每次预制管节的顶进都需要花费较长的时间。而每次顶管主机始发通常需要八到九节负环，施工时间过长。因此，亟需一种具有生产周期短、造价成本低、周转性强、重复利用价值高、易处理等特点的负环来替代预制混凝土预制管节作为负环使用。

本工程设计采用钢结构负环装置（图 5-40），包括多组前后互相可拆卸连接的单环钢结构，每组单环钢结构均滑动连接在与地面固定连接的两个滑轨内。单环钢结构由钢支架和钢管支撑组成。为有效定位，确保钢支撑受力均匀，在钢支架底部设置定位小车，与定位连梁连接，定位连梁在装置中部连接于同一个定位基座。

在始发井内同时实现顶进作业和钢结构组装，有效提高了施工效率，同时钢结构具备更高的强度和相对更轻的重量，便于吊装，可拆卸组装的钢结构负环也便于周转使用，损坏或强度下降的零部件可及时更换，在降低成本的同时提高了施工效率（图 5-41）。

钢结构负环装置的使用，有效地解决了现有技术在顶进顶管主机始发过程中混凝土预制管节作为负环造价成本高、生产周期长、后期处理难度较大、处理吊装风险较高、周转性低的问题。

图 5-40　钢结构负环装置

图 5-41　钢结构负环装置地面预拼装

4. 顶管施工参数实测

嘉兴市市区快速路环线工程（一期）矩形顶管工程日均顶进速度 2.7m，最大顶推力 11876t，北线最大地表沉降 63mm，南线最大地表沉降 33mm，区间摩阻系数约为 11kN/m^2。

（1）顶进姿态与顶推力实测分析

由于场地限制，本工程采用的是 0.5%下坡顶进，考虑到本工程为首次采用三车道矩形顶管隧道，在姿态控制上借鉴 10m 级矩形顶管经验，北线始发为水平顶进。北线顶进过程中竖向姿态表现出明显的“磕头”情况，后续南线掘进前吸取相应经验，设定初始上抬 5‰，竖向姿态得到较好控制（图 5-42）。结合地表沉降，北线掘进时地表最大沉降量为 63mm，南线掘进时地表最大沉降量为 33mm，双线实施过程中，掘进参数设定、泥浆注入等标准均一致，可见竖向姿态控制是影响地表沉降的重要因素。

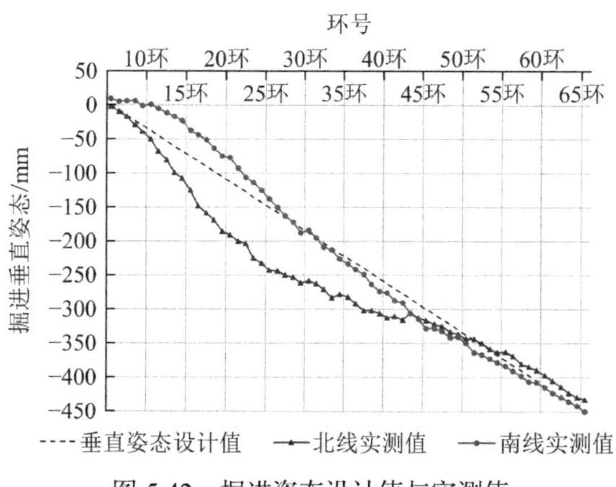

图 5-42　掘进姿态设计值与实测值

（2）掘进顶推力实测分析

对顶进过程中南北线顶推力进行逐管节记录，并绘制顶进曲线，如图 5-43 所示。南北线顶推力最大值约 120000kN，出现在顶进后期进入接收井加固区，主要顶进区段顶力基本呈现线形增长特征。

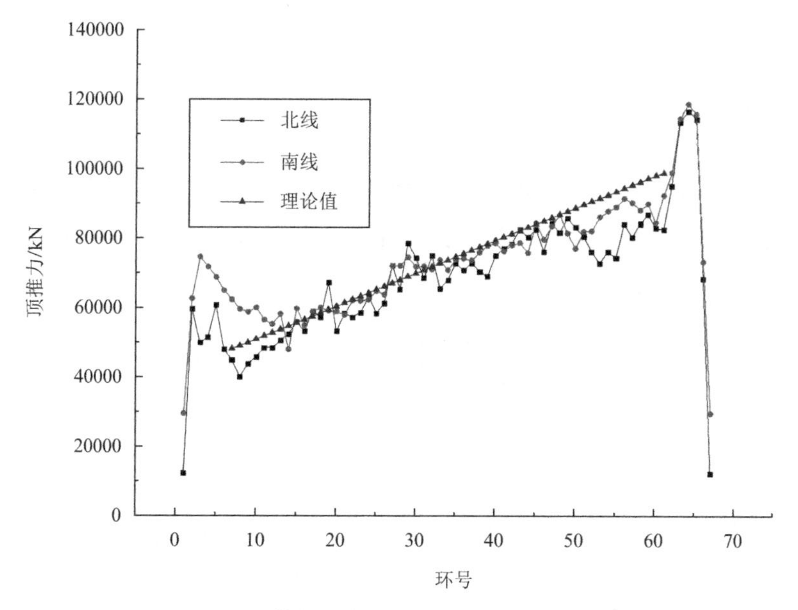

图 5-43　顶管掘进期间各环总推力均值变化曲线

图 5-43 为顶管掘进期间各环总推力平均值变化曲线，各数据点为各环总推力

平均值。由曲线数据可以看出，在顶管通过始发和接受加固区时，由于地层加固的原因，总推力急速增大，通过加固区后推力迅速下降。由图可知，北线最大推力 116732kN，计算得到平均推力 68269kN；南线最大推力 118768kN，平均推力 73207kN。对比总推力理论值与实际值可以看出，在出加固区后的 8～30 环二者吻合度较高，30 环之后实际值增速变缓，理论值大于实际值，且随着掘进距离的增加，二者差值逐渐加大，说明采取的各项措施减阻效果较好。

在加固区外的地层掘进过程中，总推力随掘进距离的增加而逐渐增加，基本呈线性变化。对 10～60 环内的总推力进行线性拟合，得到北线、南线总推力（kN）与掘进距离 L（$L=$ 管节总长度 + 顶管主机长度约 7m）的关系如式(5-4)、式(5-5)所示。

北线：

$$T_{\text{北线}} = 41934.9 + 468.2 \times L \tag{5-4}$$

南线：

$$T_{\text{南线}} = 43710.0 + 487.5 \times L \tag{5-5}$$

由式(5-4)和式(5-5)可知，顶管每掘进 1m，总推力增加 468.2～487.5kN，即地层对每米长度的管节产生的摩擦阻力为 468.2～487.5kN，每米长度管节表面积为 41.4m^2，则管节表面单位面积与地层之间的摩擦阻力为 11.31～11.78kN/m^2。

（3）地表沉降分析

为掌握顶管顶进施工过程中对周围建（构）筑物的扰动影响，及时了解施工中出现的问题，保证施工安全、有效进行，对顶管顶进影响范围内的南湖大道地面进行沉降监测，沉降监测点布置如图 5-44 所示。延顶管中心线布置 11 处监测点，纵向间距 5m；间隔 10m 布置横向测点，每处横向测点布置 15 个，横向间距 5m；测点数量共计 100 点。

随顶进施工的进行，单线顶管横向地表位移变化基本呈先隆起后沉降趋势，分布规律呈先拟正态分布、后盆状分布（图 5-45）。通过 peck 曲线拟合，沉降宽

度系数 i 平均值约为 8.5m，地层损失率为 0.5%。中心线位移最先发生变化，顶管通过横断面后，拱腰两侧沉降进一步开展并最终达到稳定。最大位移分布在顶管中心线至拱腰范围内，拱腰外侧沉降递减。地表沉降范围为管节两侧 1 倍断面宽度，主要影响范围为管节两侧 1/3 倍断面宽度。

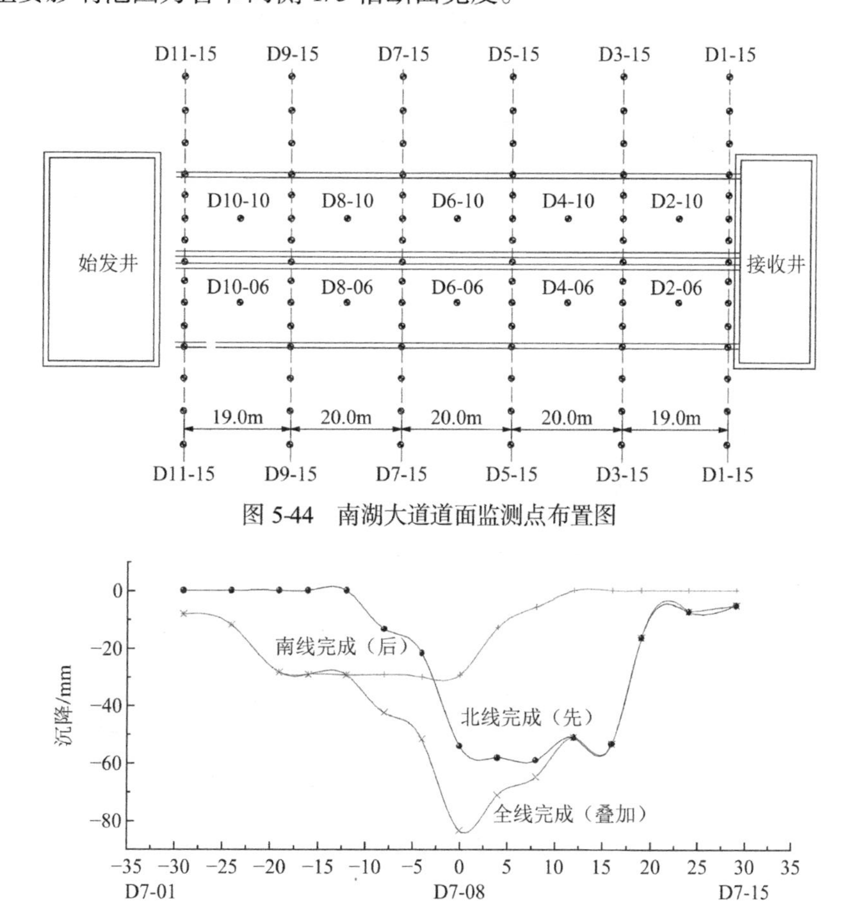

图 5-44　南湖大道道面监测点布置图

图 5-45　断面地表沉降分布曲线

根据沉降实测数据绘制图 5-46、图 5-47 所示的地表沉降云图，单线隧道地表沉降呈现前半程大，后半程小的规律。前半程为沉降强影响区，后半程为沉降弱影响区。原因在于前半程接近始发井范围受顶进持续扰动影响时间较长，后半程接近接收井范围受顶进持续扰动时间较短。

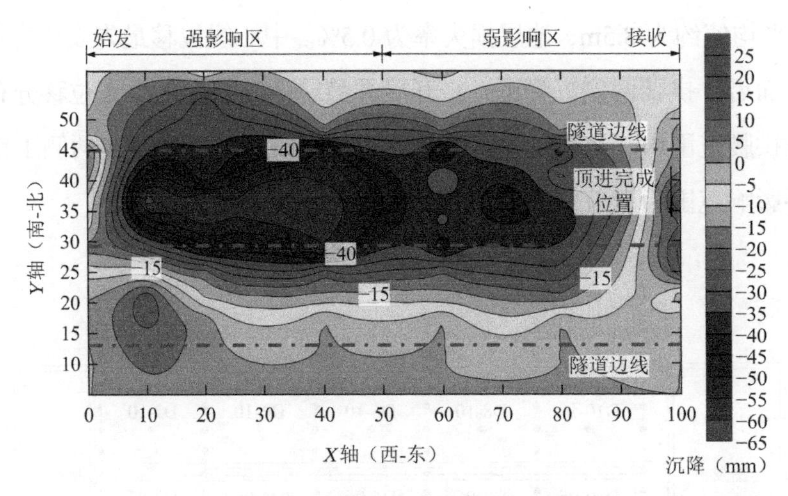

图 5-46　先行隧道顶进完成地表位移分布云图

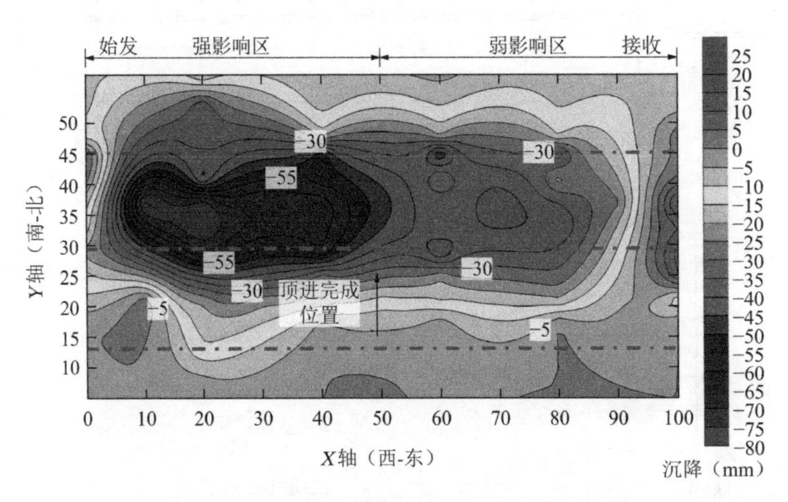

图 5-47　后行隧道顶进半程地表位移分布云图

将后行隧道顶进沉降数据与已发生的沉降进行叠加，形成图 5-48 所示的地表沉降云图，同一位置处先、后行隧道地表位移分布趋势相似。先、后行隧道的相互影响及叠加作用主要体现为：距离始发井较近处，后行隧道位于隧道强沉降影响区，前半程受后行隧道顶管施工产生的拖拽影响时间长，二次顶进对小净距区域产生的沉降增大较明显；距离接收井较近处，由于相互影响持续时间短，二次顶进产生的沉降影响有限。叠加后的最大地表沉降沿先、后行隧道净距中心线分布。

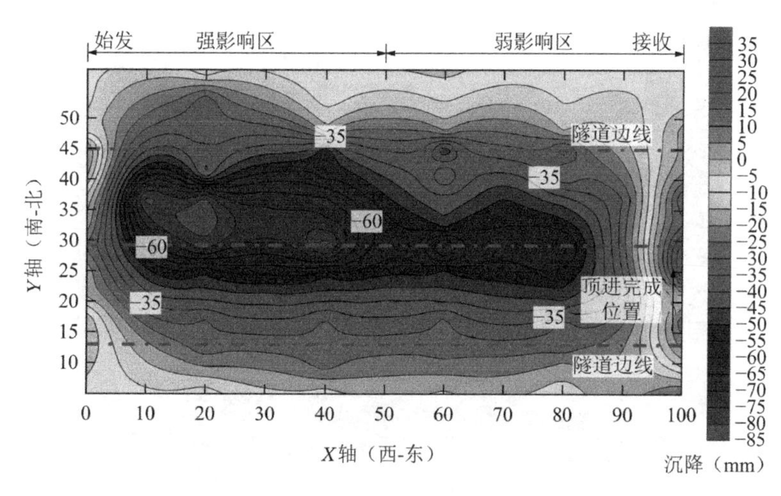

图 5-48　后行隧道顶进完成地表位移分布云图

5.3.4 工程实施

本工程建设单位为嘉兴市交通投资集团有限公司，由中铁隧道局集团有限公司施工，上海市政工程设计研究总院（集团）有限公司设计，上海同济市政公路工程咨询有限公司负责监理。项目自 2020 年 6 月顶进启动，建设关键时间点如下：

2020 年 6 月 18 日，顶进启动仪式（图 5-49）；

2020 年 6 月 28 日，北线顶进切削入土；

2020 年 8 月 11 日，北线破东门；

2020 年 8 月 18 日，北线贯通；

2020 年 9 月 20 日，南线顶进切削入土；

2020 年 10 月 21 日，南线破洞门；

2020 年 10 月 25 日，举办“超大断面矩形顶管高端论坛”；

2020 年 10 月 27 日，嘉兴快速路下穿南湖大道顶管工程顺利贯通（图 5-50）。

图 5-49 嘉兴矩形顶管场地

图 5-50 嘉兴矩形顶管双洞贯通

5.4 本章小结

本章围绕三车道 15m 级超大断面矩形顶管的设计、施工及装备等方面开展深入研讨。鉴于超大断面矩形顶管隧道呈现出“断面大”“管节重”“覆土浅”等显著难点与特征，对现场管节预制、翻身、吊装和拼装顶进等所需的技术要求进行了全面剖析，针对管节制造和施工场地开展了分区域布置和设计，对不同工况下管节的受力状况进行了模拟分析，并对施工掌子面稳定控制技术、拱顶背土效应的削减、始发和接收工艺要求以及相应施工措施进行了系统探讨。

本章的研究成果于嘉兴市市区快速路环线工程（一期）中首次得以应用，单次顶进长度达 100.5m，其后在广州凤凰大道得到推广运用，工程效果良好。超大断面矩形顶管技术刚刚起步，“道阻且长，行则将至”，相关研究领域依然充满挑战，仍需不懈努力，持续精进技艺。

第 6 章

大断面矩形顶管接缝防水与纵向拉紧研究

6.1　接缝防水与纵向拉紧设计研究的意义

随着矩形顶管工程断面的不断增大和顶进距离的不断增加，顶管隧道的纵向刚度也在不断减小。相比于一般尺寸的顶管，由于大断面矩形顶管断面尺寸较大，即使环间微小张角也可能造成较大的张开量，进而导致渗漏水等病害的产生。目前大多数矩形顶管的接缝防水多采用 F 形承插口，根据防水需要，通常采用一道或两道楔形橡胶圈，如图 6-1 所示。随着大断面矩形顶管的应用推广，矩形顶管隧道的覆土厚度在增大，隧道所需要承受的水压力也在增加，因此需要详细研究接缝的防水能力。与盾构隧道接缝防水的研究相比，顶管隧道的防水研究偏少。

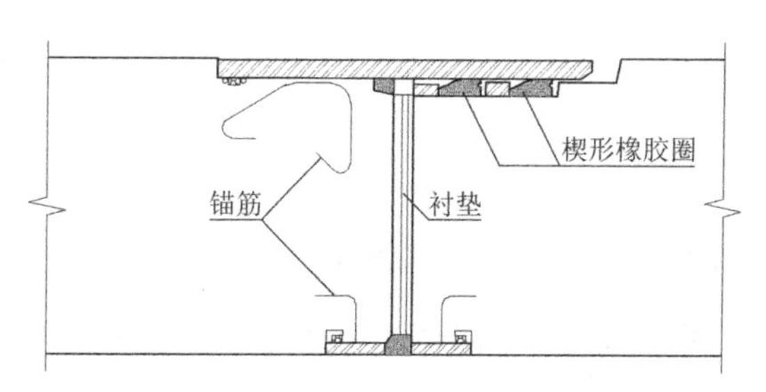

图 6-1　F 形承插口接头构造示意图

在运营过程中，管节间纵向刚度的不足会使顶管产生更大的不均匀沉降，进而导致张开、错台、渗漏水等病害的产生。另外，根据盾构隧道的运营经验可知，盾构管节间螺栓预紧力可大幅加强管节之间的联系，有效减少盾构隧道运营期间接缝的张开及错台等病害的产生。在大断面矩形顶管隧道施工完成后，隧道周边的工程活动可能对隧道产生不利的影响，隧道纵向螺栓的设置可以更好地抵御外部环境带来的不利影响。

为了提高顶管隧道抵御外部环境变化带来不利影响的能力应在大断面矩形顶

管工程中开展纵向拉紧设计。与传统顶管法相比，在其薄弱位置即隧道纵向连接上增加纵向螺栓，将盾构隧道的设计方法与理念应用于大断面矩形顶管隧道中。

目前大断面矩形顶管纵向拉紧设计方案主要为 F 形接头加螺栓的形式。在项目中使用的管节纵向螺栓主要包括弯螺栓、直螺栓和斜螺栓等连接形式，其设计方法主要参考盾构隧道的纵向接头设计，如图 6-2 所示。这些各种形式的螺栓在不同的工程中均有使用，例如上海陆翔路-祁连山路贯通工程Ⅱ标中采用了弯螺栓的形式，上海市张江中区单元卓闻路（张衡路以南—华夏中路）新建工程下穿川杨河矩形顶管隧道工程则采用了直螺栓的形式，嘉兴市市区快速路环线工程（一期）采用了斜螺栓的形式。

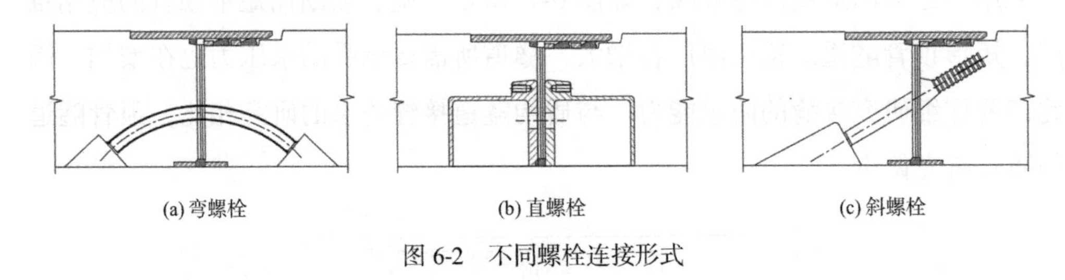

图 6-2　不同螺栓连接形式

顶管间环缝构造一般需考虑满足顶管千斤顶作用和环与环之间抗剪的要求。常见的环缝构造有平缝、局部凹凸榫、沿环向连续的平头凹凸榫和沿环向连续的圆弧形凹凸榫等，各类构造有各自的特点和优缺点。对于上海软土层地区，局部凹凸榫构造在顶管机刀盘单向转动引起扭转时，千斤顶作用面与局部凹凸榫出现错位，易使局部凹凸榫边缘应力集中，产生破损；沿环向连续的平头凹凸榫构造预制烦琐，环缝张开时边缘易破坏；沿环向连续的圆弧形凹凸榫构造，当管节环缝张开时，环与环的剪切作用易沿圆弧形凹凸榫弧形边缘滑动，对凹凸榫抗剪效应有不利的影响。目前在 2 车道的顶管设计中，环缝断面一般采用平缝设计；3 车道的超大断面矩形顶管隧道则采用了局部凹凸榫设计。

不同于盾构隧道，大断面矩形顶管纵向拉紧设计中的螺栓数量整体偏少，以二车道的上海市陆翔路-祁连山路贯通工程Ⅱ标为例，管节间仅布置了 8 根 M30 的弯螺栓。这是由于相对于盾构隧道而言，顶管的整体刚度相对较高，且施工后残留顶力也较高，起到了一部分纵向预压的作用。在上海市张江中区单元卓闻路（张衡路以南—华夏中路）新建工程下穿川杨河矩形顶管隧道工程中，由于要考虑隧道未来运营阶段在隧道正上方的卸土，管节环向布置了 20 根 M30 的直螺栓。

此外，由于顶管隧道在顶进中需要保持一定的柔性，以便对其进行姿态控制，故在顶进过程中一般预装螺栓，待施工完成后再拧紧螺栓。但应注意的是，若螺栓预紧力施加过大，可能会在后续的运营中导致螺栓脱落、混凝土压溃等病害的产生。

目前对大断面矩形顶管纵向拉紧的研究仍相对偏少，本章只进行了初步的探讨，纵向螺栓的选型、布置及对施工的影响等课题均需进一步的研究。

6.2　管节接缝防水性能试验

6.2.1 试验目的

对顶管接缝处密封圈进行防水性能试验，通过试验结果获取接缝防水性能参数，对楔形、半圆形、双齿型密封圈组合形式不同效果进行比较。

6.2.2 试验工况

1. 双密封圈防水试验

考虑到三元乙丙橡胶的各项性能较好，本试验橡胶圈材料采用三元乙丙橡胶，邵氏硬度为 65°，伸长率不大于 12%。采用楔形、半圆形以及双齿型三种断面形状的橡胶圈进行试验，断面尺寸分别如图 6-3 所示。

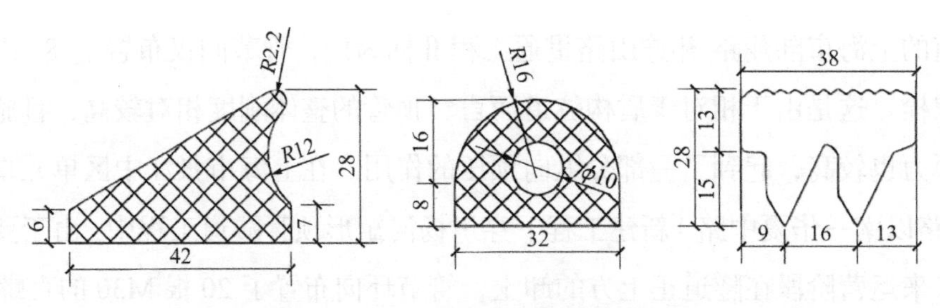

图 6-3　用于组合的密封圈截面尺寸图

2. 模拟接口转角试验

开展管体接口转角试验，用以模拟管节在顶进施工过程中发生偏转的情况，检验接头防水能力是否能满足要求。

转角工况一：管节绕着隧道中心线转动至混凝土与钢套环触碰，此时转角为 0.52°，如图 6-4 所示。

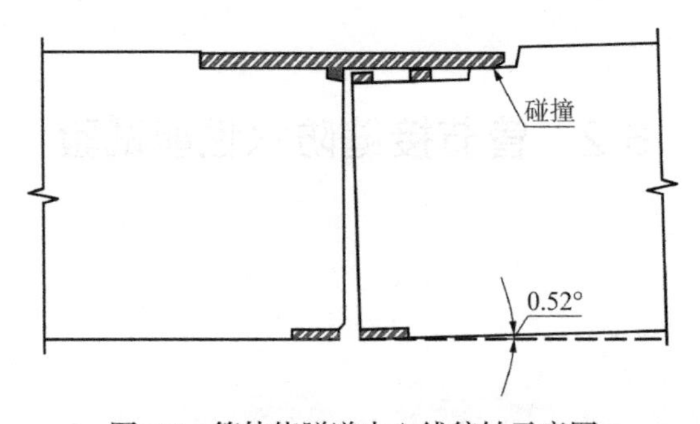

图 6-4　管体绕隧道中心线偏转示意图

在此工况下，楔形橡胶圈位置与设计位置相比较，最小张开量为 6.43mm，最大张开量为 7.75mm。

转角工况二：管节绕着隧道下端点偏转至钢套环之间触碰，此时转角为 1.22°，如图 6-5 所示。

在此工况下，楔形橡胶圈位置与设计位置相比较，最小张开量为 5.10mm，最大张开量为 7.17mm。

为了进行对比试验，设计了单道密封圈防水试验，试验模具内只放置内道的密封圈，进行水压加载，测试其防水性能。根据以上分析，确定了试验工况，如

表 6-1 所示。

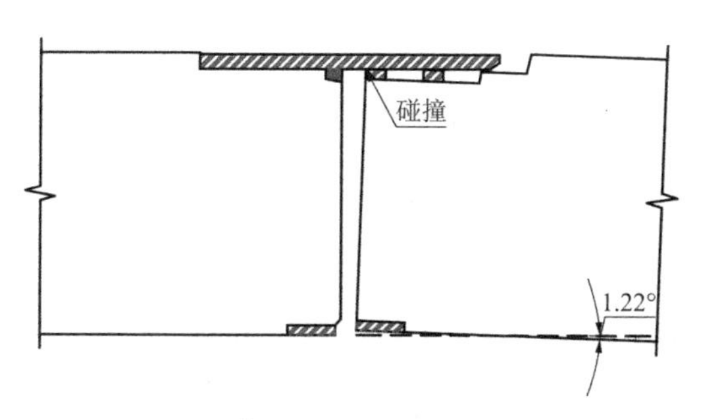

图 6-5　管体绕隧道下端点偏转示意图

试验工况汇总表　　**表 6-1**

工况	试验名称	道数	内侧密封圈	外侧密封圈	张开量
1	双密封圈防水性能验证试验	双道	半圆形	半圆形	4mm
2			双齿型	双齿型	
3			楔形	楔形	
4	模拟接口转角工况一	双道	半圆形	半圆形	内道 6.5mm 外道 8mm
5			双齿型	双齿型	
6			楔形	楔形	
7	模拟接口转角工况二	单道	半圆形	—	8mm
8			双齿型	—	
9			楔形	—	

6.2.3 试验内容

1. 双密封圈防水性能验证试验

开展接缝双道密封圈防水性能试验，用以检验管节接缝处采用的密封体系的防水性能。

试验步骤为：

（1）试验前准备：①三种密封圈均封闭成环；②钢基底，并开好对应尺寸沟槽；③顶部钢箱体；④增压泵、水压表、增高垫等设备。

（2）按试验工况选择相应框形密封圈贴在沟槽内，固定好基座和箱体，组装好水压表等装置。

（3）启动垂向千斤顶，将密封圈压缩至设计要求压缩量。

（4）用增压泵向密封圈内部空腔内加注水压，升压制度按每升压 0.10MPa 持荷恒压 10min 进行。

（5）观察最外圈橡胶密封圈的工作状况。水压力值升至密封圈出现渗漏，水压无法保持时，该值即为该组合密封圈工况下所能承受的最大水压值。

底部钢基座表面开槽如图 6-6 所示，双密封圈防水试验原理如图 6-7 所示。

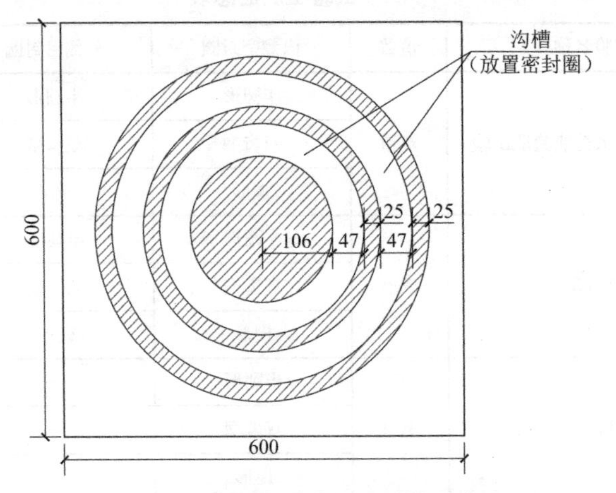

图 6-6　底部钢基座表面开槽尺寸图

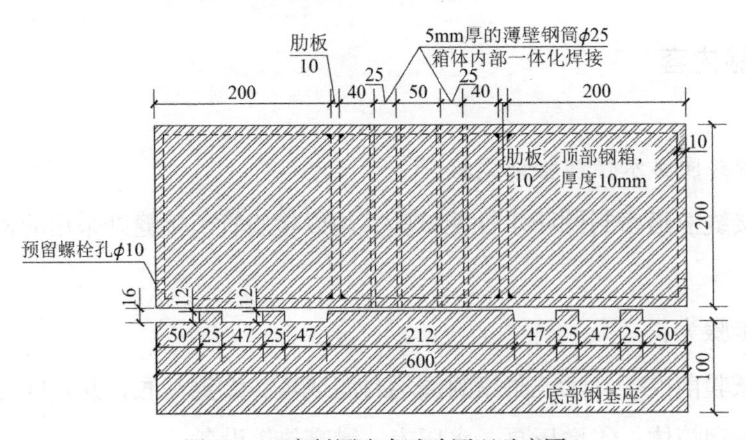

图 6-7　双密封圈防水试验原理示意图

2. 模拟接口转角试验

管节发生转动时，双密封圈内外两侧的张开量会有不同，为了更好地模拟实际工况，将内外道的张开量（上盖板与底座间的间隙）与实际设计一致，分别取 6.5mm 和 8mm，如图 6-8 所示。试验中，在顶部箱体底部拼装一块 U 形钢板，钢板侧板厚度 10mm，主板为锥形，侧板上预留有四个螺栓孔，可以与箱体实现连接。模拟接口转角试验如图 6-9 所示，补充 U 形钢板如图 6-10 所示。

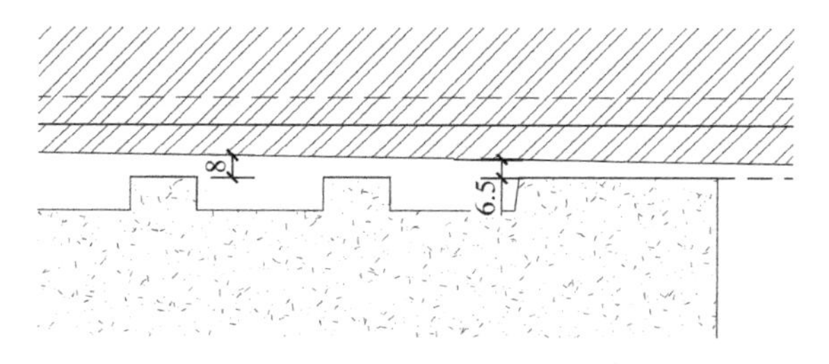

图 6-8　上盖板与底座之间的间隙图

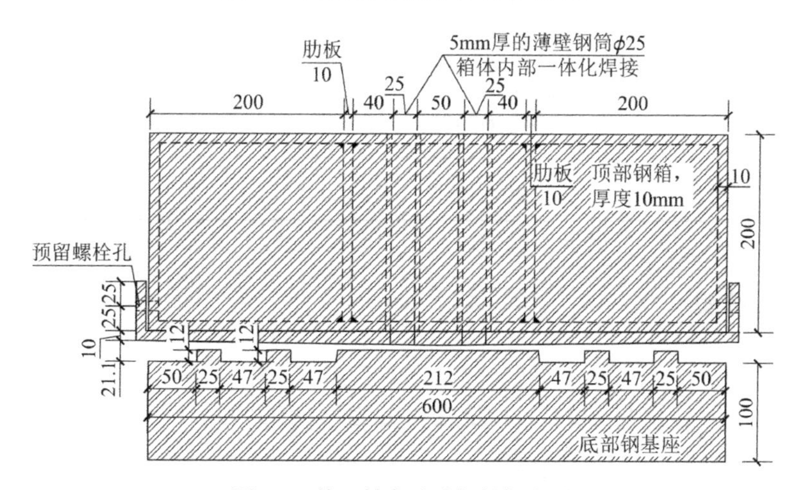

图 6-9　接口转角试验部件侧向图

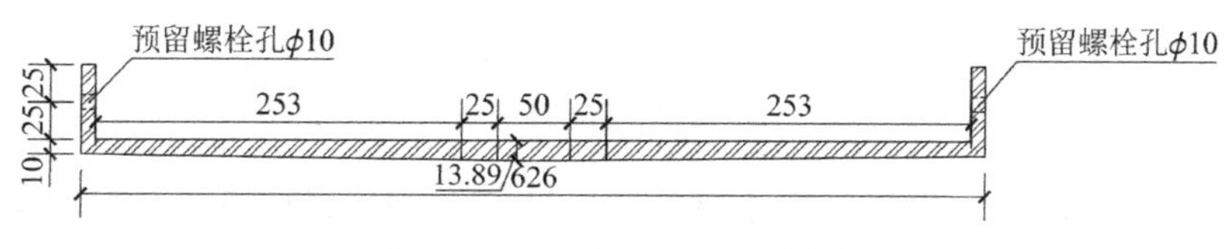

图 6-10　补充 U 形钢板剖面图

而对于转角工况二：试验模具同转角工况一，模具内只放置内道的密封圈，同样进行水压加载，观察其防水性能。

3. 试验设备及材料（表 6-2）

试验设备和材料　　表 6-2

编号	名称	数量
1	同济大学 GPJ-3900M 型三向加载系统	1 套
2	水压泵系统	1 套
3	液压管、阀门及其他	1 套
4	钢基座	$0.036m^3$
5	钢箱体（包含薄钢筒、肋板）	$0.016m^3$
6	U 形钢板	$0.0042m^3$
7	密封垫-半圆形	20m
8	密封垫-双齿型	20m
9	密封垫-楔形	20m

6.2.4 试验结果

为了研究顶管密封圈的防水性能和可能出现的转角工况下密封圈的防水性能，开展了 9 组试验，以下按实际试验顺序进行介绍。

1. 工况 1-a

密封圈形式为内外双道半圆形截面，张开 4mm。该密封圈在 2022 年 11 月即粘贴完毕并且压缩在钢板下，由于试验外的特殊原因，试验在一年后重启，因此该密封圈存在一年的应力松弛。试验过程照片如图 6-11 所示。

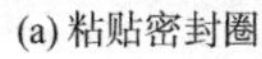

(a) 粘贴密封圈

(b) 设备组装

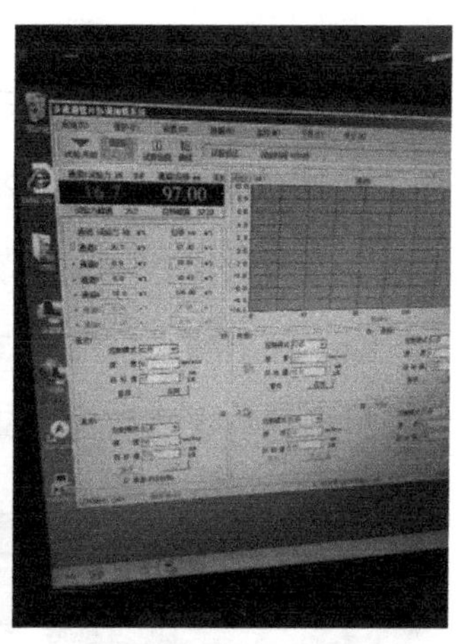

(c) 加载系统控制千斤顶位移

(d) 设置张开量为 4mm

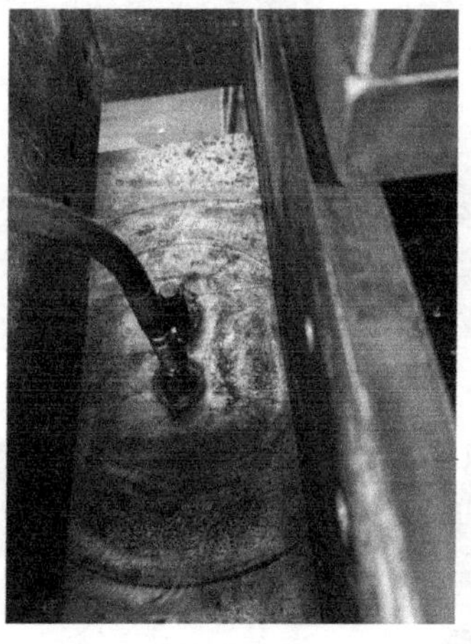

(e) 排气完毕堵孔

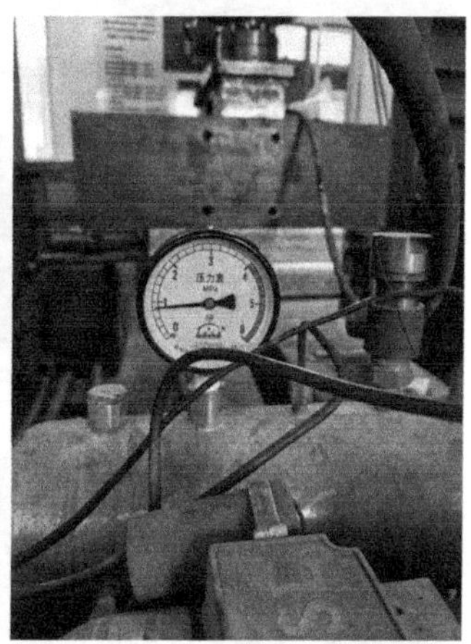

(f) 水压逐渐上升

图 6-11　工况 1-a 试验过程照片

试验过程中，密封圈在 1.0MPa 下能够实现保压无渗水，后在 1.1MPa 下发现水压无法上升，且密封圈上侧接触面出现渗水现象。故可以得出结论：应力松弛一年下的半圆形双道密封圈的防水性能为 1.0MPa。

2. 工况 1-b

鉴于上组试验密封圈存在应力松弛影响，另外补充一组无松弛的工况进行对比，试验步骤完全一致。

试验过程中，随着水泵持续注水，水压不断上升，在水压达到 2.4MPa 时发生突降，水压跌落至 0.25MPa，突降的原因是水压突破第一道也即内道密封圈。后续水压继续上升，期间也持续进行保压观察工作，一直加载到 2.7MPa 时，观测到密封圈上侧出现小水珠，试验结束。同时可以得出结论：正常工况下的双道半圆形密封圈的防水性能为 2.6MPa。试验过程照片如图 6-12 所示。

(a) 双道密封圈

(b) 设置张开量为 4mm

(c) 水压上升到 2.4MPa 出现突降

(d) 水压达到 2.7MPa

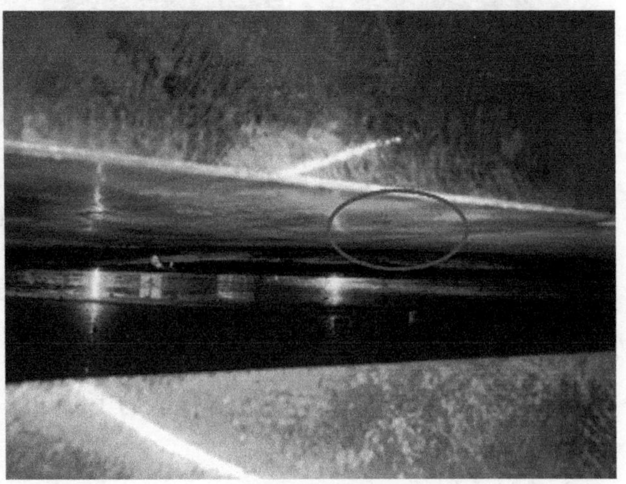

(e) 密封圈上侧出现小水珠

图 6-12　工况 1-b 试验过程照片

3. 工况 2

密封圈形式为双道双齿型截面，张开 4mm，密封圈性能正常，未有应力松弛。试验步骤同上述工程，试验过程照片如图 6-13 所示。

(a) 双道密封圈

(b) 保压状态

图 6-13　工况 2 试验过程照片

试验过程中，水压稳定上升且保压，一直加到 3.6MPa 保压成功无渗水。

4. 工况 3

密封圈形式为双道楔形截面，张开 4mm，密封圈性能正常。试验步骤同工况 2，保压至 3.8MPa。

5. 工况 7

密封圈形式为单道半圆形截面，张开 8mm，密封圈性能正常。试验过程中，在水压开始加载后的 1min 内，密封圈就出现了若干细密的水珠，密封圈防水能力为 0.2MPa。

后续又进一步补充了张开为 4mm 的单道试验，试验步骤相同，试验结果表明：半圆形密封圈在张开 4mm 下水压为 1.4MPa 时保压过程中出现湿渍，单道半圆形密封圈在张开 4mm 下的防水性能为 1.2MPa。

6. 工况 8

密封圈形式为单道双齿型截面，张开 8mm，密封圈性能正常。试验过程中，水压上升到 0.1MPa 时，密封圈上部漏水，试验结束。与工况 7 相同，补充进行了张开 4mm 的工况，试验结果表明：水压 1.2MPa 下密封圈出现漏水点，单道双齿型密封圈在张开 4mm 下的防水性能为 1.0MPa。

7. 工况 9

密封圈形式为单道楔形截面，张开 8mm，密封圈性能正常。试验过程中，水压在 0.2MPa 下，密封圈出现大面积漏水，表明张开量 8mm 下的密封圈防水性能大幅度降低，性能低于 0.2MPa。补充进行张开 4mm 工况，试验结果表明：水压上升到 1.8MPa 时出现水珠，防水性能为 1.6MPa。

8. 工况 4

模拟接口转角工况—需要组装事先准备的 U 形钢板来模拟内外道张开量不同的实际情况。试验中取消了之前的螺栓连接方法，而是直接将 U 形钢板焊接在顶部模具上，完成所有焊缝并在试验开始前提前进行了密闭测试。U 形钢板安装过程如图 6-14 所示。

图 6-14 U 形钢板安装过程

密封圈形式为双道半圆形截面，密封圈性能正常。试验步骤同上，试验中水压持续上升到 1.3MPa，密封圈上部出现漏水点；在 1.2MPa 下保压成功，表明防水能力为 1.2MPa。

9. 工况 5

密封圈形式为双道双齿型截面，密封圈性能正常。试验中水压持续上升到 2.1MPa，密封圈底部出现漏水点，防水能力为 2.0MPa。

10. 工况 6

密封圈形式为双道楔形截面，密封圈性能正常。试验中水压持续上升到 0.7MPa，密封圈保压成功，而在 0.8MPa 下，密封圈底部出现漏水点，表明防水能力为 0.7MPa。

各工况的试验结果汇总见表 6-3。

试验结果统计　　　　表 6-3

工况	试验名称	内侧	外侧	张开量	防水性能（试验特征）
1-a	双密封圈防水性能验证试验	半圆形（松弛）	半圆形（松弛）	4mm	1.0MPa 保压（1.1MPa 在密封圈上部渗水）
1-b		半圆形	半圆形		2.6MPa 保压（2.7MPa 在密封圈上部渗水）
2		双齿型	双齿型		3.6MPa 保压（设备限制，水压无法再上升）
3		楔形	楔形		3.8MPa 保压（3.9MPa 在密封圈上部渗水）
4	模拟接口转角工况一	半圆形	半圆形	内道 6.5mm 外道 8mm	1.2MPa 保压（1.3MPa 在密封圈上部渗水）
5	模拟接口转角工况一	双齿型	双齿型	内道 6.5mm 外道 8mm	2.0MPa 保压（2.1MPa 在密封圈底部渗水）
6		楔形	楔形		0.7MPa 保压（0.8MPa 在密封圈底部渗水）
7-a	模拟接口转角工况二	半圆形	—	8mm	加载即漏水
8-a		双齿型	—		0.1MPa 漏水
9-a		楔形	—		0.2MPa 大面积漏水
7-b	补充对比	半圆形	—	4mm	1.2MPa 保压（1.4MPa 保压失败）

续表

工况	试验名称	内侧	外侧	张开量	防水性能（试验特征）
8-b	补充对比	双齿型	—	4mm	1.0MPa 保压（1.2MPa 在密封圈上部渗水）
9-b		楔形	—		1.6MPa 保压（1.8MPa 在密封圈上部渗水）

根据上述试验结果，可以得出以下结论：

（1）在设计工况下，双道密封圈在张开 4mm 时的防水能力为 2.6～3.8MPa。对比工况 1-a 和工况 1-b，可以发现这种材质的密封圈在应力松弛 1 年后防水性能下降明显，其防水能力为 1.0MPa。

（2）当顶管管体出现绕着隧道下端点偏转的工况（即转角工况二）时，密封圈的防水性能会随着张开量由 4mm 扩大到 8mm 而大幅度下降，三种断面的防水性能均在 0.2MPa 以下。控制密封圈的张开量是保证防水能力的最关键措施。

（3）单道密封圈在张开 8mm 的工况下，防水性能均很小，试验现象都接近"加载即漏水"。张开量恢复至 4mm 时防水能力也会增加到 1.0MPa 以上。

（4）模拟接口转角工况二的试验结果表明，接缝的防水能力为 0.7～2.0MPa。

（5）横向对比三种断面的试验防水性能情况，可以大致地发现，楔形 ≈ 双齿型 > 半圆形，整体上楔形断面的防水性能要比双齿型更好一点，而半圆形断面的防水性能是三者中最差的。

6.3 工程实践

6.3.1 嘉兴市市区快速路环线工程（一期）

借鉴常规矩形顶管纵缝设计经验，本工程在顶管纵缝防水设计中分别采取承插钢环、氯丁橡胶等措施。钢套环下部对应设置两道防水，靠近管节内侧设置聚硫密封膏凹槽，靠近钢套环尾端设置减摩泥浆注浆孔，在注浆孔环向设置 50mm 宽度的环形凹槽，有利于触变泥浆横向流通。考虑到 15.0m 级别超大断面的特性，在较大厚度尺寸的管节中部设置剪力凸榫构造，并设置纵向螺栓进一步加强管节之间的整体性以及抵抗不均匀沉降的能力。榫槽与纵向螺栓配套使用，单节断面布置 8 处，其中 6 处位于拱顶和拱底，2 处位于侧墙。凹凸榫与斜螺栓在环面的布置如图 6-15 所示，管节斜螺栓布置如图 6-16 所示。在实际工程施工过程中，纵向螺栓视顶进工况进行安装，最终贯通后将全部螺栓安装到位。现场纵向连接螺栓实施如图 6-17 所示。

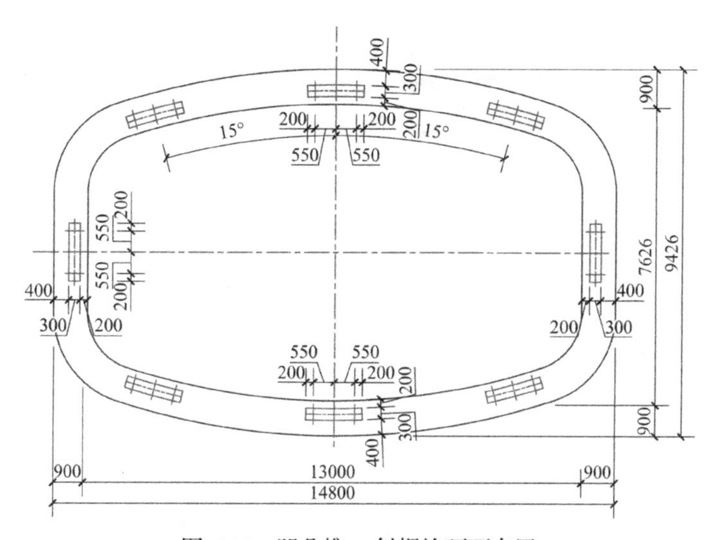

图 6-15　凹凸榫＋斜螺栓环面布置

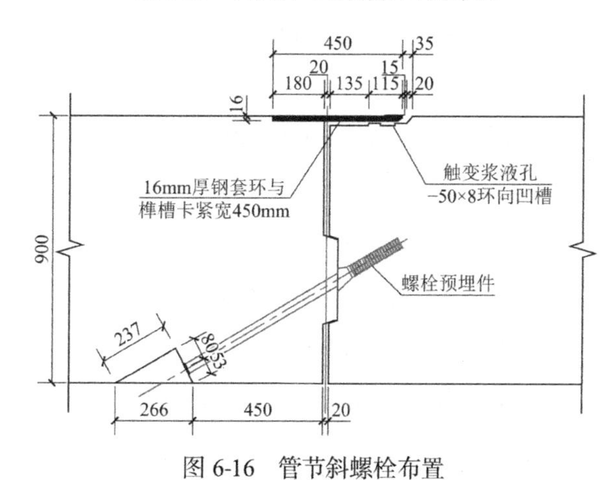

图 6-16　管节斜螺栓布置

图 6-17　现场纵向连接螺栓实施

6.3.2 上海市陆翔路-祁连山路贯通工程 II 标

本工程在顶管纵缝防水设计中采用了 F 形承插口 + 弯螺栓的纵向连接。由于该项目矩形顶管隧道单线长度达到 445m，为避免不均匀沉降并提高矩形顶管隧道韧性，在矩形顶管管节之间采用弯螺栓的纵向连接形式，单节断面共布置 8 处，其中管节顶底各 2 处，左右两侧各 2 处，如图 6-18 所示。在实际工程施工过程中，纵向螺栓视顶进工况进行施加，最终贯通后将全部螺栓安装到位。

管节中预埋内径 40mm 的 PVC 预埋管用于安装弯螺栓，如图 6-19 所示。管端环缝处设置环形止水橡胶，手孔处设置遇水膨胀橡胶，如图 6-20 所示。

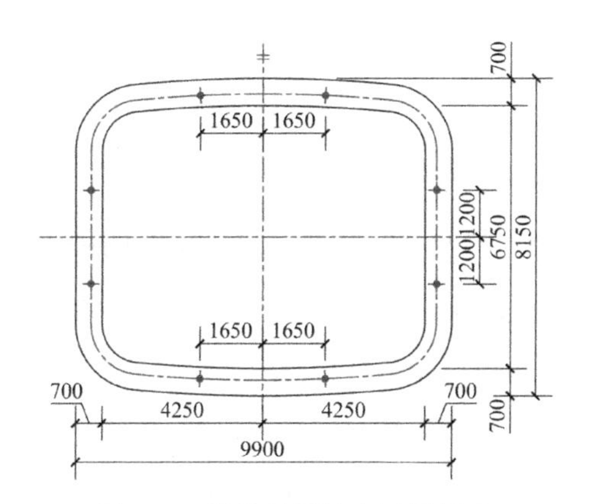

图 6-18　陆翔路螺栓布置横断面

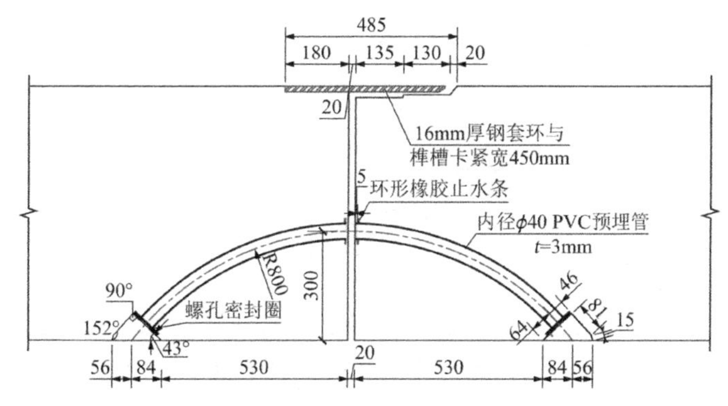

图 6-19　管节螺栓孔设计图

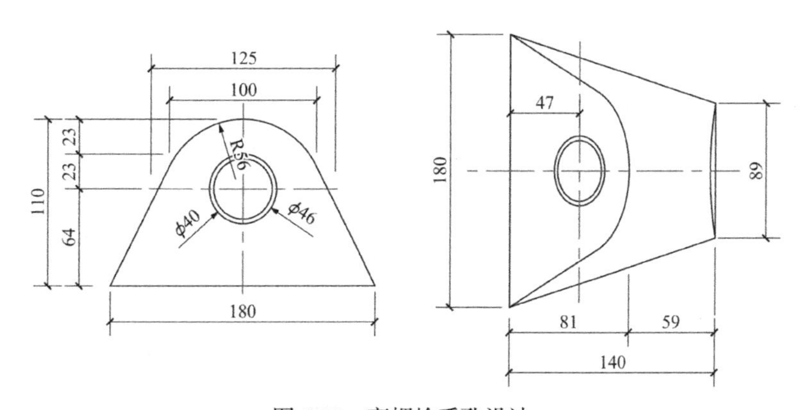

图 6-20　弯螺栓手孔设计

6.3.3 上海市张江中区单元卓闻路下穿川杨河矩形顶管隧道

本工程北起张衡路，南至华夏中路，全长约 1.5km，红线宽度 24～32m，为双向 4 车道。卓闻路隧道过川杨河节点采用矩形顶管工法，在川杨河两侧设置顶管井。顶管段长度 106.2m，共两条，顶进方向为从北向南顶进，平面布置如图 6-21 所示。川杨河区域河水深度约 0～4.44m，上覆土厚度约 5.20～11.04m，纵断面布置如图 6-22 所示。卓闻路矩形顶管管节宽 10.06m，高 5.26m。

在隧道施工完成后，要将川杨河的护岸破除，对河面进行拓宽，并在隧道上方挖除 4m 覆土，修建智慧湾，如图 6-23 所示。

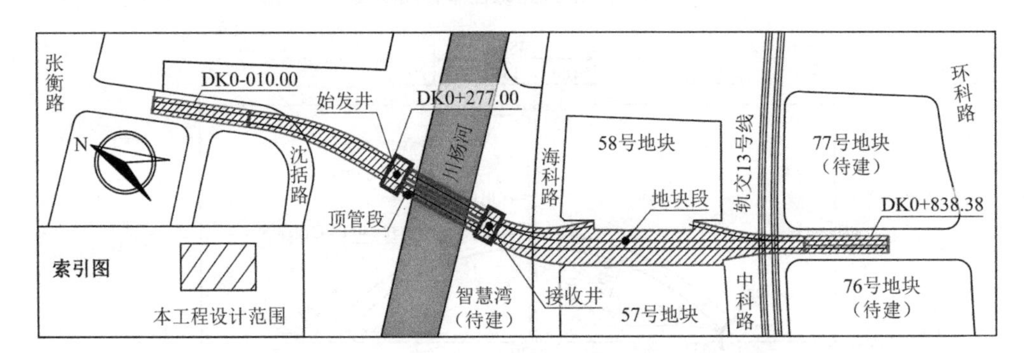

图 6-21　上海市张江中区单元卓闻路新建工程平面图

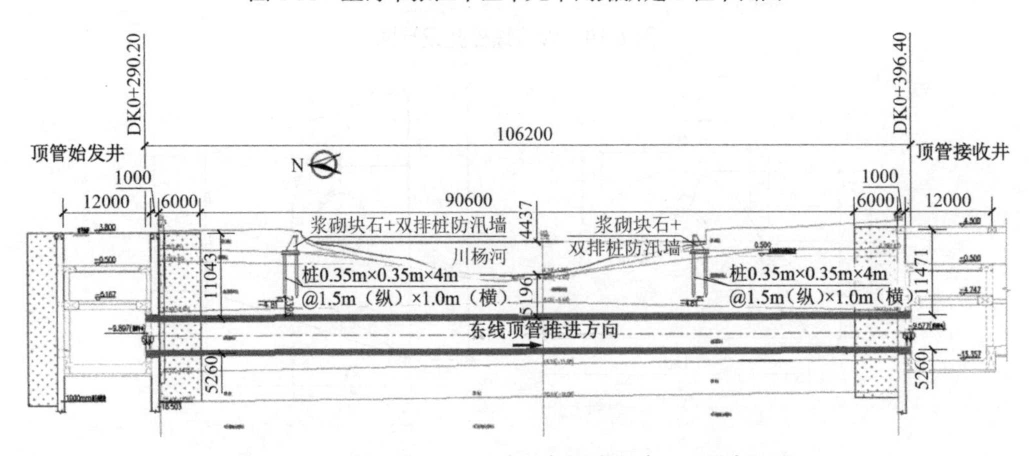

图 6-22　上海市张江中区单元卓闻路新建工程纵断面图

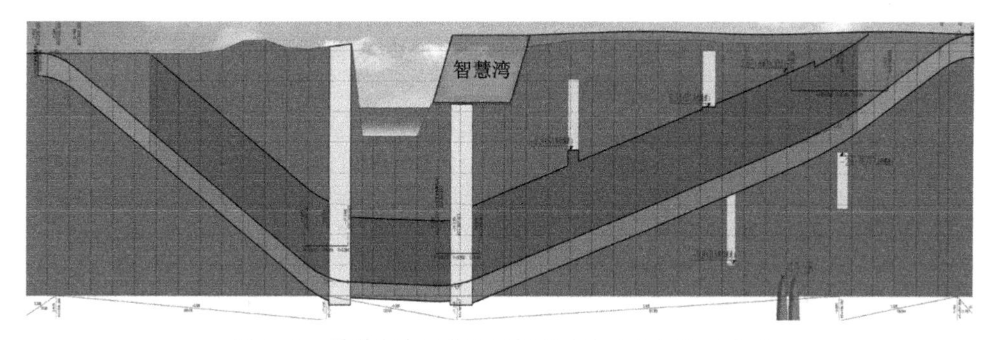

图 6-23　隧道未来运营阶段智慧湾大面积卸载示意图

采用通用有限元计算软件对隧道上方的大面积卸载进行了数值模拟，卸载后地面的最大隆起量为 32mm，隧道的最大隆起量为 12mm，分别如图 6-24、图 6-25 所示。

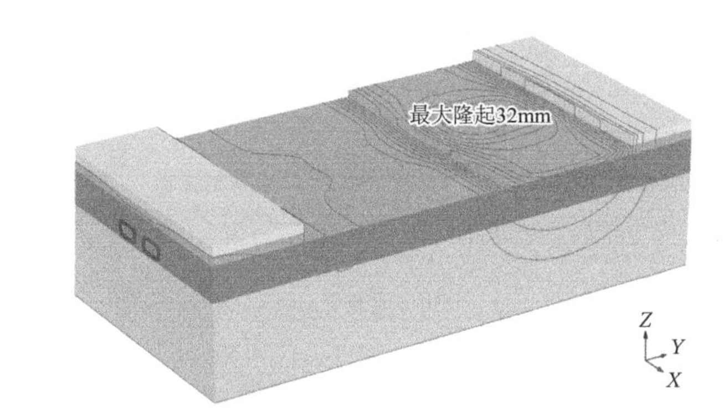

图 6-24　大面积卸载条件下地层的隆起

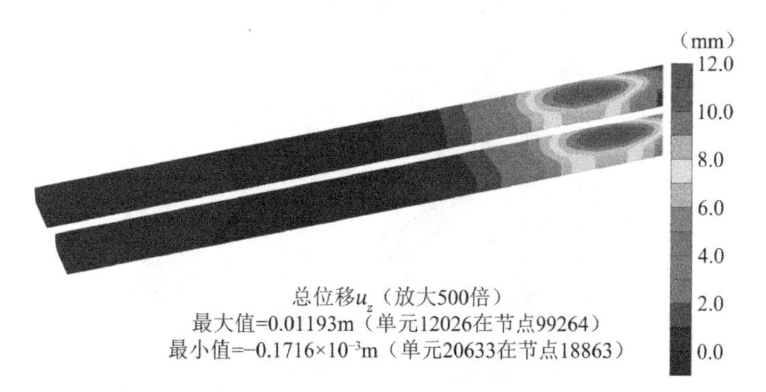

图 6-25　大面积卸载条件下隧道的隆起

通过受力分析，矩形顶管管节间设计采用直螺栓进行纵向连接，每个断面设置 20 个，采用 M30 螺栓和螺母。卓闸路隧道纵向螺栓手孔布置如图 6-26 所示，现场实施情况如图 6-27 所示。

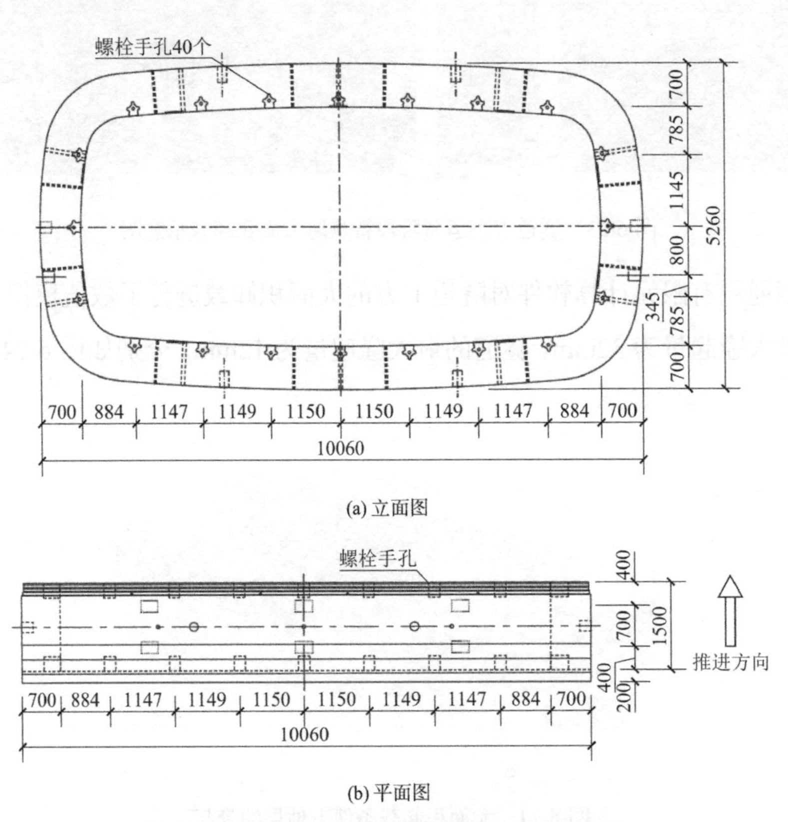

(a) 立面图

(b) 平面图

图 6-26　卓闸路隧道纵向螺栓手孔布置示意图

图 6-27　上海张江卓闸路隧道管节吊装图

6.4　本章小结

本章主要讨论了大断面矩形顶管的接缝防水与纵向拉紧设计。分别考虑了弯螺栓、斜螺栓和直螺栓三种形式，并在工程中进行了应用。接缝防水试验表明：接缝张开量对顶管的防水能力影响显著，在施工中应严格控制管节之间的偏转。采用螺栓纵向拉紧措施，可以提高接头刚度，使管节的接头由铰接转化为有限刚度连接，减小管节接缝的张开量，提高接缝防水能力，同时提高矩形顶管隧道抵抗外界荷载变化的整体韧性。本章的研究尚处于初级阶段，尚需进一步的深入。

第7章

展　望

目前大断面矩形顶管隧道在工程中得到了广泛的应用。为了更好地满足工程的建设需要，基于市场的需求，大断面矩形顶管隧道将从如下方面发展：

矩形顶管隧道断面向标准化方向发展。由于业主方对通道的具体需求不同，每个隧道的通风、排水、管线、防灾救援方式不同，导致目前大断面矩形顶管的外形轮廓在主要功能相同的情况下，截面尺寸和形状有所差别。另外，矩形顶管的切削刀盘采用多刀盘组合的形式，与圆形隧道相比，设备中的关键部件可重复利用率高，全新的隧道断面并不会显著增加矩形顶管机的费用。同时，设计与施工单位为了保持自己的独特性，主动进行标准统一的意愿并不强烈。这就导致各设计单位、设备厂家无统一标准，设备通用性较差，造成矩形顶管工程造价偏高。为了进一步拓展大断面矩形顶管隧道的应用范围与降低工程造价，矩形顶管隧道断面的标准化势在必行。

矩形顶管隧道向更大、更长方向发展。随着矩形顶管在城市道路交通领域的发展，顶管断面必将进一步加大，在实际的工程策划中，提出了4车道矩形顶管隧道的建设需求。矩形顶管隧道一般适用于距离较短的隧道，这导致了设备摊销费用过高，从而制约了矩形顶管隧道的应用。目前矩形顶管的最大单次掘进距离为445m，为了解决工程难点，需要研究进一步增加单次矩形顶管隧道的顶进长度的配套技术。

矩形顶管隧道新材料应用及预制拼装式管节技术发展。目前，大断面矩形顶管隧道多采用混凝土整体管节，其单环管节的体积与自重较大，运输与吊装困难。断面为两车道的大断面矩形顶管整体式管节尚可运输，三车道的超大矩形顶管整体式管节因无法运输，只能在现场进行预制，需要较大的施工场地，严重阻碍了矩形顶管隧道的应用推广。虽然已有工程对预制拼装式管节进行了工程示范应用，但是尚无进行大面积的推广应用。另外，近年来，以高性能混凝土为代表的新材料得到了新发展，这些新材料在矩形顶管隧道中的应用必将得到重视。

矩形顶管隧道向“盾构隧道”发展。相比于盾构法，目前的矩形顶管隧道大多都采用直线线形。在日本虽进行了曲线矩形顶管的施工，但其断面较小；浙江省桐乡市乌镇大道干道快速化改造（市区段）中进行了曲线顶管的应用，但其平曲线半径 $R=1980$m，转弯半径较大。随着工程建设条件进一步复杂化，需要在考虑避让地下构筑物、实现交通衔接等因素的基础上进行选线，将不可避免地在平、纵面上设置曲线，这将促进矩形顶管隧道向曲线顶管方向发展。传统的矩形顶管隧道管节之间通常采用F形承插口，管节之间为铰接头，抵抗周边的环境变化的能力较差。为了提高矩形顶管隧道适应周边环境发生变化的能力，可在管节间引入纵向连接螺栓。在矩形顶管隧道的基础上叠加盾构隧道的优点，这是矩形顶管隧道的又一个发展方向。随着矩形顶管法隧道应用领域的进一步扩大，在深覆土、高水压条件下，接缝防水能力的提高及新型接头形式将成为重点研究方向。

矩形顶管隧道向适应地层多样性方向发展。目前，国内矩形顶管工法多应用于软土和一般土地层中，虽然对于在砂卵石地层、硬岩地层中应用的矩形顶管机的研究也有突破，并有应用案例，但施工中也暴露出诸多需要解决的技术问题。对于矩形顶管隧道在岩石地层的应用，业界多持谨慎保留的态度。下阶段，研发适应复杂地层的矩形顶管设备，是矩形顶管隧道的发展方向。

作者在本书完成之际，正在开展南沙明珠湾区跨江通道（二期）的设计与研究工作。工程起点位于广州市南沙区丰泽东路交叉口以南的环市大道，终点位于灵山岛尖江灵南路，工程全长3.13km，隧道段长约2.83km，明挖段约1.98km，沉管段0.52km，顶管段0.33km。陆域部分采用明挖法施工，水域部分采用顶管/沉管法施工，如图7-1所示。

图7-1　南沙明珠湾区跨江通道（二期）平面图

隧洞的断面规模为15.25m×10.45m,其断面在嘉兴市快速路环线工程的基础上进一步增大，增加14%左右，为目前世界最大矩形顶管断面。隧道的断面如图7-2所示。

现有大断面顶管的覆土厚度一般为5～6m，本工程为9.7～14m，是国内覆土最深的大断面矩形顶管隧道，对管节的受力提出了更高的要求。

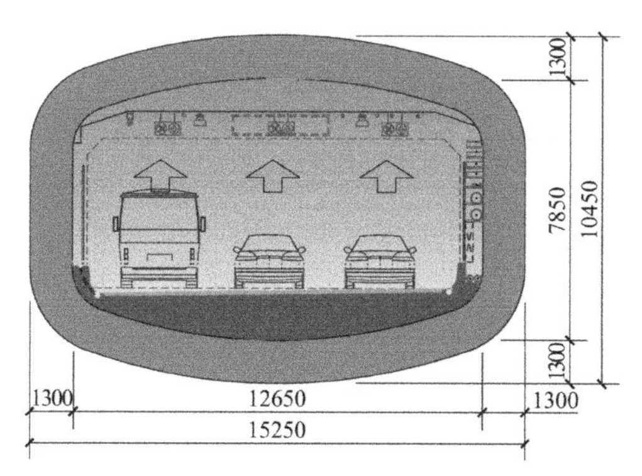

图7-2　南沙明珠湾区跨江通道（二期）顶管段隧道横断面图

本工程底板处设计最大水头为30.45m，远超其他大断面顶管的设计水头，如图7-3所示，是国内水压最高的大断面矩形顶管，对管节的防水提出了更高的挑战。

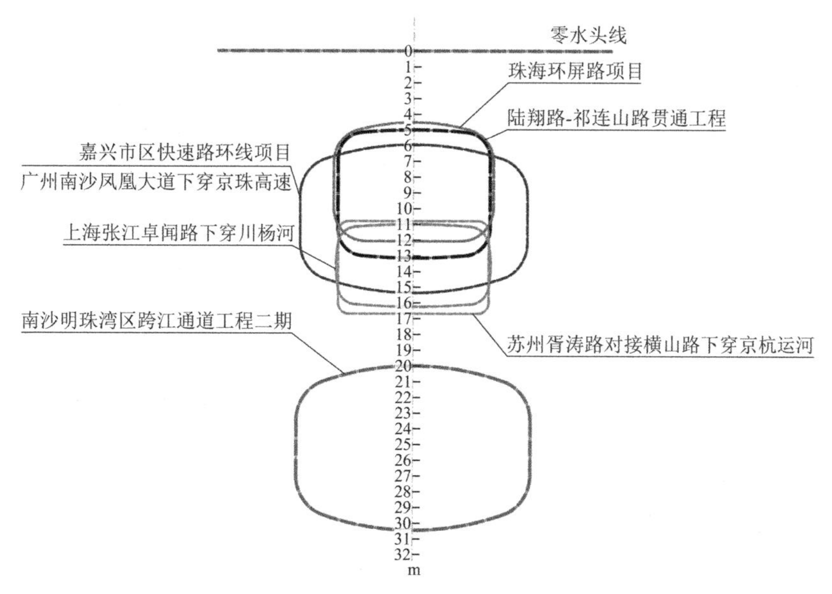

图7-3　隧道承受外水压力对比图

伴随我国城市建设的不断推进，矩形顶管隧道必将向更大断面、更长距离、更深覆土、更高水压等方向发展，这对矩形顶管隧道的建设提出了更多的挑战。让我们一起不断攻坚克难，大断面矩形顶管隧道必将具有更加广阔的应用前景。

参 考 文 献

[1] 荣亮，杨红军．郑州市下穿中州大道超大断面矩形隧道顶管姿态控制技术[J]．隧道建设，2015, 35(10): 1097-1102.

[2] 李刚．超大断面矩形顶管掘进施工对周围土体扰动的分析研究[J]．地下工程与隧道，2016 年第 2 期: 16-18.

[3] 贾连辉．矩形顶管在城市地下空间开发中的应用及前景[J]．隧道建设，2016, 36(10): 1269-1276.

[4] 郑斌．大断面类矩形顶管壳体土压及顶进阻力分析：以上海淞沪路—三门路下立交工程为例[J]．隧道建设(中英文), 2021, 41(10): 1740-1747.

[5] 林秀桂，曹艳菊，谢东武．软土地层长距离大断面矩形顶管姿态控制技术[J]．现代隧道技术．2020, 57(S1): 1007-1014.

[6] 李建高．天津新八大里黑牛城道地下通道超大断面矩形顶管工程[J]．隧道建设，2020, 40(S1): 454-460.

[7] 刘龙卫，薛发亭，刘常利．三车道超大断面矩形顶管工程:嘉兴市下穿南湖大道隧道[J]．隧道建设(中英文), 2021, 41(9): 1612-1625.

[8] 潘伟强，焦伯昌，柳献．大断面类矩形钢顶管结构受力性能现场试验研究：以上海轨道交通 14 号线静安寺站顶管车站工程为例[J]．隧道建设(中英文), 2022, 42(6): 975-983.

[9] 《建筑结构静力计算手册》编写组．建筑结构静力计算手册[M]. 2 版．北京：中国建筑工业出版社: 2000.

[10] 韩方玉，刘建忠，刘加平，等．基于超高性能混凝土的钢筋锚固性能研究[J]．材料导报，2019, 33(S1): 244-248.